酷炫多層夾心蛋糕

雪莉・歐洛弗森著

朱耘譯

Cool Layer Cakes
酷炫多層夾心蛋糕

作　　者　雪莉・歐洛弗森
譯　　者　朱耘

發 行 人　程安琪
總 策 畫　程顯灝
總 編 輯　呂增娣
執行主編　李瓊絲
主　　編　鍾若琦
編　　輯　吳孟蓉、程郁庭、許雅眉、鄭婷尹
美術主編　潘大智
特約美編　王之義
美　　編　劉旻旻、游騰緯、李怡君
行銷企劃　謝儀方

發 行 部　侯莉莉
財 務 部　呂惠玲
印　　務　許丁財
出 版 者　橘子文化事業有限公司

總 代 理　三友圖書有限公司
地　　址　106台北市安和路2段213號4樓
電　　話　(02) 2377-4155
傳　　真　(02) 2377-4355
E － mail　service@sanyau.com.tw
郵政劃撥　05844889 三友圖書有限公司

總 經 銷　大和書報圖書股份有限公司
地　　址　新北市新莊區五工五路2號
電　　話　(02) 8990-2588
傳　　真　(02) 2299-7900

初　　版　2015年4月
定　　價　新臺幣380元
ＩＳＢＮ　978-986-364-029-5 (平裝)

國家圖書館出版品預行編目(CIP)資料

酷炫多層夾心蛋糕：50款甜美繽紛的多層夾心蛋糕之烘焙與裝飾 / 瑟莉.歐洛弗森(Ceri Olofson)著；朱耘譯.--初版.--臺北市：橘子文化, 2015.4
面；　公分
譯自：Cool layer cakes
ISBN 978-986-364-029-5(平裝)

1.點心食譜

427.16　　103018627

目錄

前言

多層夾心蛋糕是由好幾層夾有內餡的蛋糕組合而成；它和雙層夾心蛋糕的不同之處，在於它最少有三層（當然，從名稱便可看出）。當你把好幾層高高疊起，即便最普通的蛋糕也變得特別起來。就多層夾心蛋糕來說，越大越好，因為這樣才有更多發揮空間，讓蛋糕具有豐富濃郁的風味，而且它的高度所製作出來的視覺效果也最好。所以不妨現在就動手，創造令人驚豔和亮眼吸睛的魅力。

我們都喜愛在某些特殊時刻享用多層夾心蛋糕。從老友相聚喝咖啡敘舊、慶祝獲得新職到結婚喜宴，多層夾心蛋糕都能為這些歡聚場合增色。人生一大樂事莫過於和自己所愛的親朋好友一同分享繽紛又美味的蛋糕，所以何不用令人讚嘆的美味糕點，讓這些聚會更特別？

既然有這麼多親手做蛋糕的理由，倒不妨就某一主題做不同的變化。本書一開頭的部分便先解說製作多層蛋糕的基本知識，其中包括數種基礎蛋糕類型的作法，可依個人偏好的口味做調整，同時還介紹幾個概念，激勵你思考別出心裁的口味組合，不過你或許會想運用各種顏色，嘗試賞心悅目的色彩組合。身為婚禮蛋糕設計師和自學有成的蛋糕裝飾家，我明瞭把堆疊蛋糕與糖霜的基本工作做好有多重要。若你的蛋糕疊得夠穩，也黏接得很牢固，要裝飾得漂亮就會容易多了，因此我在這部分會提供關於各種基本技巧的知識。

本書的第二部分則是多層夾心蛋糕食譜；開頭是讓人心情愉悅的各款糕點，能讓沏杯茶配一片蛋糕的時光更特別。然後是內藏驚喜的蛋糕──它們藏有令人驚嘆的元素──所以就連蛋糕內部也必須夠精美。接下來是為各種特殊場合設計的蛋糕，用來顯示場合的重要，並以炫目的外觀和甜美的滋味炒熱歡宴氣氛。最後是精彩絕美的蛋糕，可讓那些值得銘記的時刻更加獨特，令人難忘。

在解說各款多層夾心蛋糕作法的部分，重點將放在蛋糕裝飾上。隨著書中安排的蛋糕順序，製作的複雜度也跟著增加，因此你會從學習簡單的塑糖工藝技巧開始，等製作到本書最後的蛋糕款式，你就會有能力親手做出一個令人嘆為觀止的小型多層夾心蛋糕！我在各款蛋糕的食譜中，除介紹各種無需動用許多專業烘焙材料的技巧之外，也讓你清楚看到只要一點巧思以及最基本的用具和材料，就能創作出美妙的蛋糕設計。我也自始至終鼓勵讀者，等你對自己的技術有信心，不妨運用個人創意調整書中的蛋糕設計。將每一款設計變成你自己的，並讓書中的各種多層夾心蛋糕啟發靈感，例如改變配色，嘗試將不同款蛋糕的特色重新組合，改用奶油糖霜而不用翻糖，單純為個人偏好而將香草換成巧克力口味……儘管把書中的各款蛋糕和食譜當成你發揮獨特創意的起點。我希望這本書能為你帶來自信，讓你的多層夾心蛋糕製作達到新高峰！

雪莉・歐洛弗森

15

製作多層夾心蛋糕必備工具

基本工具

說到做出絕佳多層蛋糕需用到的工具，我的建議如下所列。有了這幾樣工具，只要掌握使用技巧，想做出令人驚嘆的作品就會變得輕而易舉。工欲善其事必先利其器，因此盡量選購優質的用具。以下是我不可或缺的幾樣器具。

缽碗：能耐高溫的最適合。我偏好使用玻璃、陶瓷或塑膠碗缽，因為金屬製的不適用於微波爐，又容易導熱。不妨選購可疊放的成套碗組，以節省空間，並確認碗夠深。當你需要將顏色調進少量麵糊或糖霜、並混合均勻時，裝早餐麥片大小的碗缽相當好用。

涼架：可用來放置烤好的蛋糕，讓蛋糕周遭保持通風，避免水氣累積在某些部位而變濕軟。

手持電動打蛋器：這種相當方便可隨處移動的工具，適合用來攪拌少量材料。

桌上型電動攪拌機：電動攪拌機可將奶油打發到乳化鬆軟，方便拌進大量的食材裡。有些用料的製作需要攪拌機幾乎不停地攪打，例如義式奶油蛋白糖霜（Italian Meringue Buttercream，作法參見第14頁）。不過大多數情況只需用手持電動打蛋器即可，但最好有點心理準備，因為它會比電動攪拌機花上更多時間才能達到同樣效果。

蛋糕烤模：不妨挑選模身垂直、深度至少7.5公分（3吋）的蛋糕烤模。製作多層夾心蛋糕，至少需要2個模子，若能準備3個會更好，這樣可以節省不少時間。書中所有的多層夾心蛋糕基本上都是用20公分（8吋）的蛋糕，除非食譜中有特別註明；若想使用方形或是不同尺寸的蛋糕烤模，可參考第10頁的蛋糕尺寸對照表。

烤箱溫度計：多數烤箱的溫度都不一樣，烤箱溫度計可幫你確保烘焙出來的蛋糕品質一致。

橡皮刮刀：用來將食材攪拌均勻，將攪拌碗內餘留的材料刮乾淨。它能把碗中的材料輕鬆刮除，洗碗時就不會有太多殘留物需要洗。

刀子：你需要一把長的鋸齒刀，用來切割蛋糕，還要一把銳利的削刀，用來修整翻糖。

量匙：說到測量發粉之類的材料用量，準確的量匙可決定你所烘烤的蛋糕會完美的膨起，而非塌陷成一團。一組金屬量匙便很合用。

電子秤：一組電子秤會徹底改變烘焙。大部分的測量會用到不同的單位，電子秤可測量液狀材料和乾料。電子秤可直接把攪拌碗放在秤上測量，也能重設數據，還可以隨時在秤上添加用料，如此不僅節省時間，也能準確量出烘焙材料的用量。

烘焙紙：可墊在烤模或墊在設計好的圖樣上練習擠花。

食物刷：用來為蛋糕刷上糖漿或是在蛋糕烤模內刷一層奶油。動物鬃毛製的毛刷會比塑膠製的毛好用，前者能沾取較多糖漿或用料。

基本的裝飾工具

蛋糕底盤：蛋糕底盤（cake board）有各種形狀和尺寸，常以包覆蠟紙的硬紙板製成。將它墊在蛋糕下，要移動蛋糕會比較簡單。可選用和你的蛋糕尺寸相同者，也可選用稍大幾公分者，並在邊緣製作有特色的裝飾。若是你選用稍大的尺寸，露出的板面一定要用糖霜或翻糖皮蓋住──破壞蛋糕精美外觀最快的方式，莫過於讓人看到毫無修飾的紙墊！

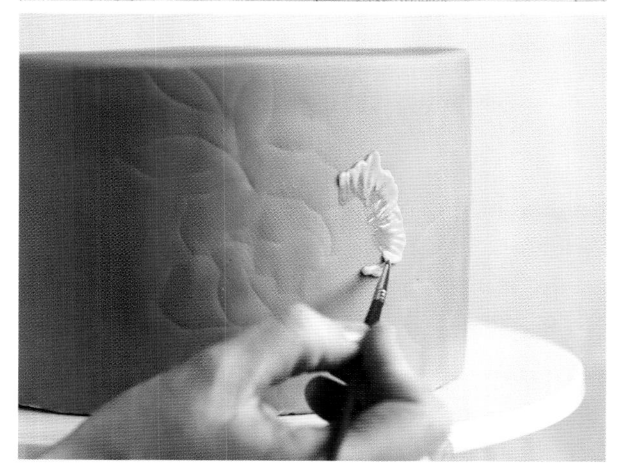

食用色素：食用色素膏或色素膠能提供鮮豔飽和的色彩。一般來說，最好分次加，一次只加一點點，直到調成你想要的色調為止。液狀色素會讓翻糖濕黏，色彩也不夠鮮豔，因此色素膏會是較好的選擇，適用範圍也更廣，包括糕餅烘焙在內。

畫筆：畫筆可用來潤飾裝飾物，也可將糖粉和蛋糕屑刷掉。記得一定要把食物專用的畫筆與其他畫筆分開放置，每次用完都要清洗乾淨。

擠花袋：它是以可重複使用的布料或用完即丟的塑膠袋製成，你也可拿蠟紙自製擠花袋，用於較小件的烘焙作品。用完即丟的擠花袋很方便，但不環保。如果手邊沒有擠花袋，也可在塑膠夾鏈袋的袋角剪個小洞，將就使用，不過擠出來的花樣可能不像用擠花袋擠出來的一樣均勻美觀。

裝飾彩糖粒：裝飾彩糖粒是妝點蛋糕最快的方式。它們通常是用糖製成，有各種不同顏色和形狀的設計。

剪刀：在修剪翻糖和翻糖膏（譯註：gum paste，也有人稱之為塑糖或甘佩斯）或進行其他烘焙工序時，需要一把順手的剪刀。一把乾淨、銳利的剪刀，值得你特別把它和一般的剪紙剪刀分開放。

柳葉刀：需要精確挖空翻糖片或切割出任何形狀時，一把極銳利的柳葉刀會很有用。記得要把它和平常用的雕刀分開放。

翻糖壓模：市面上有各種形狀和尺寸的壓模；它的外觀很像餅乾模，不過它是用不沾黏的塑膠製成，有時會多附一個可壓出花紋的印章。利用壓模可輕鬆為蛋糕增添裝飾。

蛋糕轉盤：蛋糕轉盤（turntable）可讓你在抹糖霜或擠花時輕易轉動蛋糕，還能把蛋糕底盤高到齊眼的高度，讓你在進行裝飾時較順手。

特殊用具

蛋糕夾層切割器：蛋糕夾層切割器的外形有一個金屬框，中間夾著鋸齒狀的鐵線，框上有凹洞可調整鋸齒的高度。這個用具是婚禮蛋糕烘焙師的祕密武器，有了它就能輕易地把整塊蛋糕分割成均勻平坦的幾層。你也可以用鋸齒刀，不過蛋糕夾層切割器更能將蛋糕平平整整切開。這個用具可讓你的蛋糕提升到「職業級」的全新境界！

煮糖用溫度計：一想到得處理從融化到滾燙的糖，可能會令人生畏，有了煮糖用溫度計能去除過程中的不確定性，給你更多的創意空間，開發新的糕點食譜。舉例來說，義式奶油蛋白糖霜（參見第14頁）須用滾燙的糖來煮蛋白霜，若沒有煮糖用溫度計，就不可能做到。

蛋糕脫模噴霧劑：照傳統的老法子在烤模內鋪墊紙和抹油沒什麼不妥，但若你手邊有蛋糕脫模噴霧或噴液——它通常含有極潤滑的油脂——就無需再擔心蛋糕會卡在模子裡。它能確保蛋糕烤模絕不沾黏。

切麵刀：切麵刀雖然是用來切麵團的，其實也是用來把蛋糕的糖霜表面抹得平整美觀的重要工具。只需持刀輕輕滑過蛋糕的糖霜表面，就能將它抹平，還能讓蛋糕的側面和頂部之間呈現完美的直角。

金屬鏟刀：鏟刀有一把曲柄，用它來抹糖霜角度比較順手。需要鏟起裝飾物、翻糖片，或模子內鬆脫的蛋糕時，也很好用。若手邊有大、中、小不同尺寸的鏟刀，便可用於不同的糕點創作，非常管用。

不沾黏翻糖擀麵棍：翻糖擀麵棍是以非常平滑的不沾黏塑膠製成。它是不可或缺的工具，因為木製擀麵棍會在翻糖表面留下紋路。迷你擀麵棍在擀少量的裝飾用翻糖或翻糖膏時很好用，而製作覆蓋整個蛋糕的翻糖皮時，則需更大支的擀麵棍。必要時也可用矽膠、陶瓷或玻璃棍替代。

翻糖平整器：這個可愛的小工具可輕而易舉就讓你從勉強過得去升格到職業級！這種扁平的塑膠板上有把手，只要手持把手，讓塑膠板輕輕滑過覆蓋蛋糕的翻糖皮，就能將表面抹勻抹平。翻糖平整器也能幫助你確保翻糖皮「黏牢」在蛋糕上，藉由輕輕按壓讓一層層蛋糕穩穩地黏在一起。

基礎蛋糕食譜

這些食譜為多層夾心蛋糕提供完美穩固的基礎；有了它們，你就無需為了烘焙大費周章，可以把精力用在發想創意和裝飾技巧上。當你玩創意時，不妨嘗試把這些食譜混用，變化出各種不同的組合。儘量選用品質最好的食材，好的食材會為你帶來好結果。

蛋糕

這個部分所有的蛋糕食譜皆用於烘焙一個直徑20公分（8吋）、高5～10公分（2～4吋）的單層蛋糕，因此你只要按所需的蛋糕層數增加材料用量，再將麵糊分裝到烤模內即可。這本書上所有的多層夾心蛋糕製作中都用得著這些最基本的食譜，材料用量（按各款蛋糕所需的蛋糕層數）也明列在每一款多層夾心蛋糕食譜的材料表中。出爐的蛋糕放涼後，在密封容器內可保存1週。

蛋糕尺寸與材料用量對照表

蛋糕烤模尺寸	材料用量
15公分（6吋）	X0.5
18公分（7吋）	X0.75
20公分（8吋）	X1
23公分（9吋）	X1.5
25公分（10吋）	X2
28公分（11吋）	X2.5
30公分（12吋）	X3.25
35公分（14吋）	X4.25

基本款海綿蛋糕

蓬鬆香軟的海綿蛋糕可用多種方法調味，例如最後加1茶匙香草精，或是½個檸檬的皮碎或柳橙皮碎，亦或是1茶匙濃縮咖啡粉或½茶匙玫瑰香精，選擇很多。

白砂糖200克
無鹽奶油200克，置於室溫下回軟
蛋4大顆
自發麵粉200克
自選調味香料

烤箱預熱至攝氏160度（大約華氏325度，編註：有很多烤箱的刻度盤是每25度為一個刻度），取一個直徑20公分（8吋）的圓形蛋糕烤模，內部抹好油，鋪上烘焙紙，也可使用蛋糕脫模噴霧劑。

將砂糖和奶油都放進電動攪拌機的攪拌碗內，打到泛白而蓬鬆。

用一只攪拌碗將蛋輕輕打散，把打好的蛋慢慢加入上述的糖與奶油混合物中，用電動攪拌機以中速持續攪拌。

混合均勻後，加入麵粉以低速攪拌至混合均勻，然後把選定的調味香料輕輕拌到麵糊裡，直到混合均勻。

將麵糊倒入抹好油的蛋糕烤模裡，烤45～50分鐘。等看到蛋糕邊緣和烤模微微分離，取竹籤插進蛋糕中央再抽出後，上面如果沒有沾黏任何東西，就表示蛋糕烤好了。

蛋糕留在烤模中放涼，20分鐘後倒出來放在涼架上直到完全降溫。

巧克力軟糖蛋糕

此款蛋糕不用說當然是口感綿密濕潤，充滿巧克力的濃香。咖啡有提味的作用，但它本身的味道在烤好的蛋糕裡不會很明顯；也可改用低卡咖啡或熱水來替代。若想做薄荷巧克力或柳橙巧克力風味的蛋糕，不妨添加2滴薄荷香精，或是½個柳橙的皮碎，外加1茶匙柳橙香精。若想做不含麥麩的蛋糕，可用無麩質麵粉取代一般麵粉。

白砂糖200克
蛋2大顆
酸奶油140克
葵花油120毫升
中筋麵粉165克
無糖可可粉55克
發粉1茶匙（或作小匙）
鹽1撮
熱咖啡150毫升
純巧克力或黑巧克力50克，切碎
香草精1茶匙

烤箱預熱至攝氏160度，取一個20公分圓形蛋糕烤模，內部抹油，鋪上烘焙紙，或使用蛋糕脫模噴霧劑。

將糖和蛋放進電動攪拌機的攪拌碗，打到濃稠發白，倒進酸奶油繼續打，接著倒入葵花油。

再取一只碗，將麵粉、可可粉、發粉和鹽篩入碗中。將這些乾料加入攪拌機下的糊狀混合料碗內，用電動攪拌機攪拌成麵團。

將巧克力放進另一只大碗，倒入熱咖啡攪拌，直到巧克力融化。加入香草精後，再倒進攪拌機下的混合物中，以中速攪拌到混合均勻。用橡皮刮刀將沾黏在碗邊的料刮進碗內，再次混合均勻。

將麵糊倒進抹好油的蛋糕烤模，烤60～70分鐘。烤好讓蛋糕留在烤模中放涼，20分鐘後倒出來放在涼架上直到完全降溫。

紅絲絨蛋糕

紅絲絨蛋糕應該具備的條件，包括軟潤、香草與巧克力之間的微妙平衡，最重要的是，看起來紅豔豔！祕訣在於使用紅色食用色素膏，只要加一點點就夠了，因此一開始先加一點點，過程中可以慢慢添加，直到顏色夠濃為止。也可使用天然的食用色素，但須注意的是它的鮮豔度絕對不及色素膏。

白砂糖150克
無鹽奶油60克，置於室溫回軟
蛋1大顆
白脫牛奶（buttermilk）120毫升
香草精1茶匙
紅色食用色素膏
無糖可可粉20克
中筋麵粉150克
小蘇打½茶匙
白醋1½茶匙

烤箱預熱至攝氏160度（大約華氏325度），在一個20公分（8吋）圓形蛋糕烤模內抹油，鋪上烘焙紙，或噴蛋糕脫模噴霧劑。

將砂糖和奶油放進電動攪拌機的攪拌碗，打到輕盈蓬鬆。

另取一只大碗將蛋輕輕打散後，慢慢把蛋糊加進攪拌機下的糖和奶油混合物內，以中速繼續攪拌。

再取一只小碗，混合白脫牛奶、香草精及紅色食用色素膏，直到白脫牛奶呈鮮豔的紅色。若混合物的顏色不夠濃，可再加一點色素膏。

將可可粉和麵粉過篩，篩進另一只大碗。

電動攪拌機調到低速，先將一半的紅色白脫牛奶加進糖和奶油混合物中，再加入一半的麵粉與可可粉混合物。重複

此步驟，直到所有的白脫牛奶及粉類混合物全部加進去為止；每次添加後，記得要用刮刀將沾黏在碗邊的材料刮進碗內。

加入小蘇打和白醋，打到混合均勻滑順為止。若有必要，此時可再加點紅色食用色素膏。將麵糊倒進抹好油的蛋糕烤模中，烤30～35分鐘。

讓蛋糕留在烤模中放涼，20分鐘後倒出來放在涼架上直到完全降溫。

胡蘿蔔蛋糕

這種蛋糕風味十足，十分軟潤，由於其中含有磨碎的胡蘿蔔，你幾乎可以說服自己它對健康有益。這款相當清爽的海綿蛋糕可隨個人喜好，改換堅果和香料種類。我喜歡橘皮的味道，加點暖胃的香料。我個人會用磨碎的小荳蔻及少許磨好的黑胡椒粒，增添暖意，為蛋糕加點帶瑞典風味的小變化。

紅糖200克
蛋2大顆
葵花油200毫升
中筋麵粉200克
小蘇打½茶匙
發粉½茶匙
南瓜派香料1茶匙
研碎的肉桂½茶匙
薑粉½茶匙
研碎的小荳蔻½茶匙（隨個人喜好選用）
磨過的黑胡椒2撮（隨個人喜好選用）
鹽2撮
胡蘿蔔200克，磨碎
胡桃仁、核桃仁或榛果60克，剁碎
柳橙皮碎1顆份

烤箱預熱至攝氏160度，在一個20公分圓形蛋糕烤模內抹油，鋪上烘焙紙，或噴蛋糕脫模噴霧劑。

將糖、蛋、葵花油放進電動攪拌器的攪拌碗，混合均勻。

慢慢加入麵粉、小蘇打、發粉、各種研磨過的香料和鹽，續打至混合均勻。

加入胡蘿蔔、堅果和柳橙皮碎，以手攪拌至混合均勻。

將麵糊倒進抹好油的蛋糕烤模內，烤20～25分鐘。

讓蛋糕留在烤模中放涼，20分鐘後倒出來放在涼架上直到完全降溫。

無麩質海綿蛋糕

這份食譜可做出清爽鬆軟的無麩質海綿蛋糕，還可以用很多調味方式做成不同口味，且脂肪含量極低，因此口感軟綿清爽。不過務必記得你所選定的調味香料用量需比平常多一倍，味道才會夠濃，而且每次不忘為蛋糕刷上加了味的糖漿（作法參見第17頁基本糖漿）。

蛋8大顆
白砂糖200克
無麩質自發麵粉200克
自選調味香料

烤箱預熱至攝氏160度，取一個20公分圓形蛋糕烤模，內抹油並鋪上烘焙紙，或噴蛋糕脫模噴霧劑。

用平底湯鍋將水煮到微滾，把耐高溫的攪拌碗置於湯鍋上，但別讓碗底碰到鍋裡的熱水。

將蛋和糖放入碗內，用手持電動打蛋器攪拌至濃稠，且滑細如慕斯；舉起打蛋器，若可拉出如絲帶般的一長條，就表示打好了。

加入麵粉，並用一把金屬湯匙沿著碗邊把碗底的麵糊翻至表面，將麵粉與蛋糊拌勻。此時可加入選好的調味香料，一起拌勻。

將麵糊倒進抹好油的蛋糕烤模，烤25分鐘。

讓蛋糕留在烤模中放涼，20分鐘後倒出來放在涼架上直到完全降溫。

糖霜與糖漿

這部分的食譜所製作出來的糖霜量，皆足夠120公分（8吋）的三層蛋糕覆滿。糖霜抹上蛋糕後，置於室溫下至少3天不變質。糖霜可用香精、果皮、果醬、或凝乳調味，但最好一次只加少量，分批加，直到你覺得味道夠濃為止。

傳統奶油糖霜

這是所有奶油糖霜（buttercream）中最簡單的一種，因為含有糖粉，所以也最甜，不過高乳脂鮮奶油(double cream)有助於減低甜膩感，還可提味。你可加入香草精、柳橙皮碎、融化後略微放涼的巧克力或果醬去調味，一次加一點，分次加，再打到混合均勻。

無鹽奶油500克，置於室溫回軟
糖粉500克，篩過
高乳脂鮮奶油2～4湯匙

將奶油放入電動攪拌機的大攪拌碗內打至發白。加入一半的糖粉，以低速與奶油一起攪拌。打勻後，再加進剩下的糖粉。

將電動攪拌機調至高速，續打5分鐘左右，直到這份混合物非常蓬鬆輕盈。

將電動攪拌機調至中速，分次加入少量高乳脂鮮奶油，打到呈現柔滑可塗抹的稠度。

小祕訣：把糖粉加進打發的奶油時，不妨拿一塊乾淨的抹布罩在機座的攪拌碗上方，可避免飛散的糖粉把廚房搞得像聖誕節的雪景。

保存方式：置於密封容器可冷藏保存2週，冷凍則可保存1個月。

義式奶油蛋白糖霜

細緻、輕盈、微甜，如此油滑……它的妙處怎麼講都講不完。我大力推薦讀者試試這款奶油糖霜中的女王。別一聽到過程中得處理熱燙的糖漿就嚇到了——只要善用煮糖用溫度計，照步驟做，其實很簡單，成果將會是你夢寐以求、美味至極的糖霜。若時間不夠，原本需用義式奶油蛋白糖霜的蛋糕也可以改用傳統奶油糖霜替代。

白砂糖300克
水100毫升
滅菌蛋白165克，或蛋白5大個
無鹽奶油500克，置於室溫回軟

將水和250克的砂糖放入小平底湯鍋，插入煮糖用溫度計，並將湯鍋置於爐上以中至大火煮，無需攪動，只需放著等糖融化並冒泡。

等到糖液開始冒泡、化為糖漿，開始將蛋白放進電動攪拌機的攪拌碗以中速打到起泡，再徐徐加進剩下的砂糖，續打至蛋白硬性發泡。

等糖漿煮至攝氏130度（華氏265度），便可起鍋，一邊將糖漿以細流狀慢慢倒入蛋白霜中，一邊以中低速攪打。倒糖漿時要小心拿穩，以免被滾燙的糖漿燙到。

等糖漿全部倒入後，將攪拌機調至最低速，持續攪拌至碗摸起來涼涼的。這個過程可能要花上10分鐘左右。

然後將奶油一小塊一小塊慢慢加進去，直到全部混合均勻，並持續攪拌成濃稠可塗抹的滑順糖霜。此時可加入個人偏好的調味香料或顏色。

小祕訣：加進奶油時，若混合物看起來鬆散黏糊，別擔心，只需讓攪拌機繼續攪，混合物應該就會隨著溫度下降而變稠。通常是因為蛋白霜的溫度還太高，使得奶油融化，所以下次等久一點讓它變涼即可。

保存方式：置於密封容器可冷藏1週，冷凍則可保存1個月，使用前先解凍，使其回復滑順的稠度。

甘納許

這份食譜可以製作出不但十分濃稠、卻又抹得開的甘納許（ganache），很適合用來覆蓋整個蛋糕。你也可以等它放涼後再攪打，做成較柔滑的蛋糕夾心餡。儘量使用市面上所能買到最好的巧克力，最理想的是調溫巧克力（couverture ，譯註：可可含量較高，為專業用高級巧克力）；它是品質最好的巧克力之一。塗抹蛋糕時最好是用置於室溫狀態的甘納許，因為它的稠度最適中（傳統奶油糖霜也是如此）。

黑巧克力甘納許

純或黑巧克力碎片（可可脂含量至少53%）600克，若用巧克力磚則須切碎
高乳脂鮮奶油300毫升

白巧克力或牛奶巧克力甘納許

白巧克力或牛奶巧克力碎片750克，若是用巧克力磚則須切碎
高乳脂鮮奶油250毫升

將巧克力放進一只耐高溫的大碗；把鮮奶油放進一只中等大小的平底湯鍋，加熱至接近沸騰。將熱鮮奶油倒到巧克力上，輕拍碗邊，然後靜置1～2分鐘。

輕輕將巧克力和鮮奶油攪拌均勻，然後靜置放涼，直到混合物變稠可塗抹。

小祕訣：甘納許是出名的善變，若過熱或過度攪拌，很容易油脂分離。為避免這點，不妨以較少量試試另一種方法：將巧克力和鮮奶油置於玻璃或陶瓷碗中，放進微波爐以中溫間歇加熱幾次，每次20秒，間隔時間讓它沉澱，直到巧克力開始融化，即可取出輕輕攪拌均勻，不過必須等鮮奶油和巧克力自然融化在一起再攪拌。

保存方式：置於密封容器可冷藏1週，冷凍則可保存1個月，使用前先解凍，使其回復滑順的稠度。若塗抹在蛋糕上，可保存期限應該和奶油糖霜一樣長。

奶油乳酪糖霜

奶油乳酪（cream cheese）確實有助於讓紅絲絨蛋糕（作法參見第12頁）之類甜度較高的蛋糕不至於那麼甜膩。不妨在最後加進幾滴檸檬汁，增添清爽的口感。

無鹽奶油250克，置於室溫回軟
糖粉500克，篩過
全脂奶油乳酪250克，微涼

將奶油放進電動攪拌機的攪拌碗，打至發白。

加進一半的糖粉，用電動攪拌機以低速拌進奶油裡，混合均勻後，再加進剩下的糖粉。必要的話，可用乾淨的抹布罩住碗和攪拌機，以免糖粉飛得到處都是。

將電動攪拌機調到高速打5分鐘左右，直到混合物變得極為輕盈蓬鬆。

將電動攪拌機調至中速，加進奶油乳酪，持續打到碗中的混合物呈滑順可塗抹的稠度。

小祕訣：這種糖霜理應相當濃稠滑順，所以千萬別用低脂奶油乳酪，因為做出來會太稀。這份食譜需用到奶油，因為它能使糖霜稠密，並有助於讓奶油乳酪穩定。

保存方式：置於密封容器可冷藏1週，冷凍則可保存1個月。由於這種糖霜含有新鮮奶油乳酪，一旦塗抹在蛋糕上，須冷藏保存，在5天內食用完畢。

蛋白糖霜

蛋白糖霜（royal icing）是一種柔軟的糖膏，它會變硬。可用來擠花之外，也能當成可食用的黏膠般使用。這份食譜製作出來的量相當大，但少於這個量又很難做。用剩的，不妨裝進擠花袋將花樣擠在蠟紙上，放到乾，然後置於密封容器內，如此可保存很久，下次遇到必須在很短的時間內做好花式裝飾蛋糕，便可派上用場。

糖粉500克，篩過
滅菌蛋白60克，或新鮮雞蛋的蛋白2大個

將糖粉和三分之二的蛋白放進電動攪拌機的攪拌碗，以低速攪拌。混合均勻後，先試試它的稠度；若是太乾硬，再加些蛋白，攪拌至滑順但不稀。

以低速繼續攪拌5分鐘左右，直到它達到有點起泡。此時可自行調整稠度及添加任何色素（參見以下的小祕訣）。

立刻在碗上蓋一塊布，收入密封容器，要用時再拿出來。

小祕訣：可加點水改變蛋白糖霜的稠度。若要做立體的花樣，需要非常濃稠密實。若要擠花，則需要能滑動、可拉出柔軟尖角的稠度。萬一加了太多水，只要再加入糖粉混合均勻即可。食用色素膏能為原本的白色增添亮麗色彩；不妨用雞尾酒攪拌棒一次勾極少量加進糖霜中。

保存方式：置於密封容器可冷藏2週。

基本糖漿

這種糖漿可為蛋糕增添濕潤度和味道的層次。要抹在蛋糕上時，最好用毛刷輕輕刷上去，塗太多會讓蛋糕變得濕軟。可視個人喜好或蛋糕食譜的需求替糖漿調味（參見右欄）。

白砂糖100克
水100毫升

將白砂糖和水放入平底湯鍋煮沸。待砂糖溶解，糖液滾了1～2分鐘後，即可離火放涼。

等它降至溫熱的溫度，加入調味香料，最好是冷藏一晚才能入味。

保存方式：置於密封容器內可冷藏2週。

為糖霜和蛋糕麵糊調味

想為蛋糕的麵糊、糖霜或糖漿加味，任何食譜每次都可用1茶匙香精或液體調味劑，或取1顆柑橘或檸檬量的皮碎、1茶匙綜合香料（用於糖漿）、1茶匙磨碎的香料（用於麵糊或糖霜），或½條香草莢的香草籽來調味。口味可依個人喜好調整，所以不妨以此為基礎，自行添加風味。

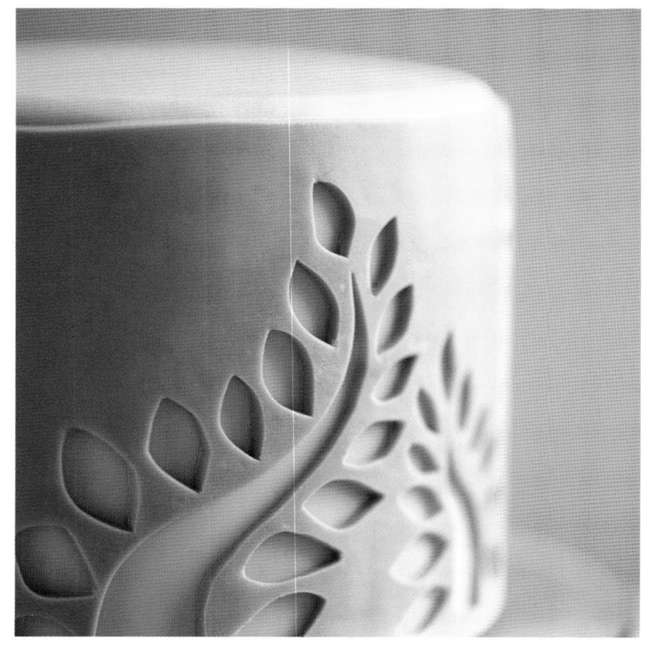

準備工作與調味指南

以下的小祕訣能幫助你在製作多層夾心蛋糕時，烤出美味的海綿蛋糕。同時，我也為讀者提供使用本書食譜的方法，讓你可依樣做出書中各款多層夾心蛋糕，或是隨個人創意自行調整改換。

完美烘焙的祕訣

・我必須再次強調，所有的食材都必須處於室溫狀態。如此可以避免混合物料分離，也能確保食材混合均勻。必要時，可將食材用微波爐以極短的微波時間間歇加熱幾次，但是必須盯緊一點，否則一不留神就會把奶油融化，把蛋煮熟！

・輕鬆烘焙的關鍵，在於動手製作麵糊前先將所有的用具和食材準備好。意思是說，你必須量好所有的食材用量、蛋糕烤模抹好油、打好蛋。先將蛋打進碗裡，不僅方便你隨手把蛋輕輕打散，等你要將蛋液倒進混合物料中，就算裡面留有不慎掉進去的蛋殼，通常也已沉在碗底。

・在蛋糕烤模內抹油極為重要，這樣做可避免麵糊在烤箱內發起來時沾黏在烤模上並拉扯開來，也能輕易把烤好的蛋糕倒出來。可用奶油或食用油塗抹烤模，視所使用的蛋糕食譜而定，並在底部鋪烘焙紙（裁成相符的尺寸）。若是烤大型蛋糕，不妨先在抹好油的模身鋪一圈裁成長條的烘焙紙，然後才在底部鋪烘焙紙，如此有助於防止受熱時間過長。

・蛋糕經過冷藏，會讓奶油類的油脂變硬，吃起來口感較乾，因此食用前最好先將蛋糕從冰箱取出，讓它回復室溫狀態。

・蛋糕底盤應和蛋糕本身的大小相同（也就是和烤模同樣尺寸），除非食譜另外註明。

・除非食譜另外說明，否則都使用大顆的蛋。

・檢查蛋糕是否烤好，可用一根竹籤插進蛋糕中央。抽出時，若上面沒有沾黏，就表示蛋糕烤好了；若有沾黏物，可將蛋糕放回烤箱烤久一點，然後再檢查一遍。

・除非食譜另有指示，否則蛋糕出爐後應靜置在烤模內20分鐘，再倒出來放在涼架上等它完全降溫。

如何使用多層夾心蛋糕食譜

這本書上的多層夾心蛋糕食譜有部分會附分層蛋糕的作法，但其餘都是採用第10到13頁的基礎蛋糕食譜。在大部分多層夾心蛋糕食譜中，會需要一份或數份麵團或麵

糊，你可依照基礎蛋糕食譜的指示烘焙，而麵糊所需材料會明列在各份食譜中。

有些多層夾心蛋糕會需用到一層或數層的某種蛋糕，你可依基礎蛋糕食譜的指示烘焙。多層夾心蛋糕食譜會列出所需的蛋糕層數，但不會再標示其作法，你只需參照基礎蛋糕食譜即可。

有些多層夾心蛋糕所需的分層蛋糕並非圓形，例如你可能需用到方形的20公分（8吋）烤模，而非同尺寸的圓形烤模。因此你須使用食譜指定的烤模形狀，並照基礎蛋糕食譜的指示製作分層蛋糕，所需的烘烤時間則可自行判斷。

若某款多層夾心蛋糕需用到特定口味的分層海綿蛋糕，材料表中會標明各層所需的調味香料用量。等到要將麵糊倒入烤模之前，再加調味香料並混合均勻，然後依照那一章的指示烘焙。

有些多層夾心蛋糕食譜需用到特定尺寸的蛋糕層。食譜中會標明所需的調味香料與（或）糖霜種類，或由讀者自行決定。你也可依個人喜好的口味和需求，從第10到13頁的基礎蛋糕食譜或舒心甜點及祕密寶藏兩個章節中，選擇多層夾心蛋糕所需的分層蛋糕，再依照多層夾心蛋糕食譜中建議的技巧做裝飾。

絕佳的口味配對

第10～13頁的基礎蛋糕食譜都可依需要做調整，因此讀者大可試驗各種風味組合，為蛋糕添加你想要的口味。以下幾種是我的搭配法：

・香草海綿蛋糕搭配莓果果醬及香草奶油糖霜
・巧克力軟糖蛋糕搭配純或黑巧克力甘納許及鹹味焦糖醬
・胡蘿蔔蛋糕搭配柳橙奶油糖霜
・檸檬海綿蛋糕搭配檸檬凝乳和奶油乳酪糖霜
・小荳蔻海綿蛋糕搭配白巧克力甘納許
・玫瑰海綿蛋糕搭配覆盆子奶油糖霜和檸檬凝乳

蛋糕裝飾訣竅

有幾項裝飾與準備的基本技巧是這本書的重點。這個章節提供許多有用的建議，包括如何正確疊放蛋糕、各種糖霜之間的差異、專業的潤飾祕訣及排除問題的方法等。

糖霜須知

瞭解本書用到的各種糖霜有何差別，能幫助你從中選出最適者來製作多層夾心蛋糕。

傳統奶油糖霜：這種甜而柔滑的糖霜含有大量糖粉，所以能像漿糊般黏稠，在室溫下也不會流淌。奶油糖霜不會變乾硬，但表面會形成一層殼，所以剛抹在蛋糕上時，可撒些裝飾彩糖粒粒做裝飾。傳統奶油糖霜可用於多層大蛋糕，或是需要一層糖霜外層使其穩固不碎裂的蛋糕。

義式奶油蛋白糖霜：它是軟式糖霜配方中最不甜的一種；若是覺得傳統奶油糖霜太甜，那麼這種糖霜就很適合你。它很適合用於有多層夾心的蛋糕，因為它不會與夾心味道相衝突。用這種輕盈滑順的糖霜做裝飾和擠花非常輕鬆順手，要抹得平滑漂亮也很容易。它的表面不會形成一層殼，在室溫下也能保持柔軟。

甘納許：若蛋糕要包覆翻糖皮，甘納許便是最適合的內層，把它抹在蛋糕上可形成非常平滑穩固的表面。尤其是需要搬動多層蛋糕，特別派得上用場，因為它能提供些許固定作用，讓蛋糕各層不至於滑動。白巧克力甘納許的味道以香草味為主，能和大多數蛋糕的口味相搭，當然也可添加一點調味香料，例如薄荷香精或檸檬皮碎。

蛋白糖霜：大多用於裝飾。傳統的婚禮蛋糕都是用一層硬而雪白的蛋白糖霜覆蓋在外，現在流行用柔軟的翻糖或糖霜。你可因應不同需求，加水或糖粉來改變它的軟硬度。蛋白糖霜在擠花並變乾後，質地會變得脆硬，形狀也會固定，很適合用來製作可插在翻糖上的裝飾物。

翻糖（fondant）：這種糖飾也稱作糖膏（sugar paste）及現成翻糖（ready-to-use fondant）；它可做成一大片覆蓋蛋糕的柔軟平滑表層，也可用來製作裝飾。它不會流淌，也不會變脆，因此可做成很多形狀。只要多加練習，就能熟練地運用翻糖，而它最適合用於需製造驚奇效果的特殊蛋糕。可用保鮮膜將翻糖緊緊包好，要用時再取出來擀平或裁切，因為它一接觸空氣後很容易變乾。

若要為翻糖**調色**，不妨用一根竹籤勾極少量的食用色素膏加進翻糖，然後搓揉至混合均勻。要讓顏色均勻，得花點時間好好搓揉，過程中仍可再添加色素膏，因此最好逐次添加並控制用量！

若要將翻糖裝飾物**黏貼**在覆蓋著翻糖皮的蛋糕上，不妨使用蛋白糖霜、基本糖漿、伏特加、冷開水或加水混合的翻糖。最好等到最後一刻再把翻糖裝飾物黏在奶油糖霜上，因為糖霜的濕度會影響翻糖。至於外覆奶油糖霜或甘納許的蛋糕，可將選定的位置沾濕，再用加熱的金屬鏟刀將翻糖飾物放上去，或是在翻糖飾物背後抹一點點糖霜，再黏上去。

希望你把玩翻糖的過程充滿樂趣，毫無困難。萬一遇到下面所述的問題，也有方法可解決。若是發現翻糖有小裂紋，可用手快速且好好地摩搓表面，將裂紋抹合。手溫能讓翻糖變軟、好修補。若是食用色素不小心沾到翻糖表面，可用廚房紙巾沾一點伏特加，將色素擦掉。萬一這些方法都不管用，不妨更改設計，用裝飾物遮蓋瑕疵。若是發現翻糖皮內有氣泡，不妨用乾淨的針挑破，讓氣體排出，再用手指輕輕抹平痕跡。氣泡一定得去除，否則可能會變大，進而讓翻糖皮的表面鼓起。

包覆翻糖皮的蛋糕通常在切除下緣多餘翻糖後，會有點不夠平整俐落，因此不妨用一條緞帶或長條翻糖圍住整圈下緣，遮蓋蛋糕和蛋糕底盤間的小縫隙，讓整體看起來更美觀。或者也可用奶油糖霜或蛋白糖霜擠一圈簡單的邊飾。

翻糖膏（gumpaste）：也被稱為花藝膏（florist paste），它很像翻糖，但添加了天然成分，讓它一乾就會變硬。它很適合用來製作裝飾物和細薄的花瓣，因為它可擀得極薄又不易裂開，而且乾得很快。基本上翻糖膏是可以食用，但是它沒什麼味道，而且一乾就變得很硬，因此最適合用來製作能夠移除並保存的裝飾物。製作時最好分次取用少量，不用的話就用保鮮膜緊緊包好，因為它比翻糖乾得更快。若需要更柔韌的糖皮，也可將少量翻糖膏揉進翻糖裡，它還是可以吃。翻糖膏存放得當，可長期保存。

風乾及保存翻糖和翻糖膏裝飾物：這本書中不少多層夾心蛋糕都用到以翻糖和（或）翻糖膏製作的裝飾。製作這些糖飾可以充滿樂趣！包覆保鮮膜的廚房紙巾、湯匙、竹籤、空蛋盒和蘋果的防撞珍珠板，都可用來幫助糖飾在風乾過程中維持形狀，但在將糖飾放上蛋糕前，可別忘了把輔助定形的工具移除。

風乾可使翻糖或翻糖膏定形，因此最好讓糖飾至少風乾一晚。大型一點的糖飾可能要放上一、兩天。濕氣會影響風乾的時間，若是遇到濕熱的下雨天，糖飾所需的風乾時間會比平常多至少一倍。通常我會擺在桌上讓它們風乾，你也可以用廚房紙巾稍加遮蓋，或是放在有通風孔或打開蓋子的容器內，讓空氣流通，因為密封的容器會讓糖變得軟黏。若是想將糖飾保存一陣子，存放時不妨與小包的食品級乾燥劑放在一起。嚴格來說，翻糖和翻糖膏飾物並沒有食用期限，不過我還是會在1年內用掉，因為它們接觸到光線一段時間後，很容易褪色。

翻糖或翻糖膏裡的糖分會吸收濕氣，導致化掉或「出水」（sweating）（表面變得濕黏發亮，常是來自於冷凝的水氣），所以千萬不要把翻糖或翻糖膏收進冰箱。

基本的裝飾技巧

以下技巧將能為你的蛋糕裝飾基本功打好穩固的底子。

擠花技巧

很多人會對擠花卻步，其實只要稍加練習，就能做出漂亮的成果。直接在蛋糕上擠花、對抗地心引力之前，不妨先在蠟紙上練習。成功的關鍵在於施力要穩而平均，對於要擠什麼花樣瞭然於心。擠花嘴別太靠近蛋糕表面，也不要邊擠邊拖拉糖霜——只需稍舉起擠花嘴，讓糖霜落在你引導的位置即可。剛擠好的蛋白糖霜若有不好看的尖峰，可用沾濕的毛刷輕輕按平。

疊放各層蛋糕

在開始疊放之前，蛋糕必須完全降溫。我會擺一晚或至少一天，蛋糕才不容易碎裂散開。尤其是如果把蛋糕切成薄薄的幾層，加上厚厚的夾心餡，就必須特別注意這點。我都會使用蛋糕夾層切割器，因為光靠目視要把蛋糕切成完全平坦均勻的幾層很難，所以利用這個工具是製作出外觀具職業水準的蛋糕之關鍵。

1.將蛋糕夾層切割器的線距調到相當於蛋糕高度的一半。一手輕輕按住蛋糕，另一手持切割器來回切割。然後將上半塊蛋糕置於桌面，重複相同的步驟，切除圓弧形的頂部，這樣就有兩塊一模一樣的蛋糕。
2.用金屬鏟刀在蛋糕底盤上抹少許奶油糖霜或甘納許，取一塊蛋糕，平整的底部朝下，放在蛋糕底盤上，輕輕按壓，讓蛋糕黏牢固定。（你也可以直接在蛋糕轉盤上進行，不過如此一來就無法將蛋糕從轉盤移開。若要包覆翻糖或可能需移動蛋糕，用蛋糕底盤會比較合適。）
3.用毛刷在這層蛋糕的頂部表面均勻抹上少許基本糖漿（糖漿作法參見第17頁）。
4. 然後均勻抹上一層夾心餡，再將另一塊蛋糕疊上去。
5.重複同樣的步驟疊放各層，最後疊上的是有平坦底部的那塊蛋糕，如此就有美觀均勻的蛋糕表面。
6.輕輕往下按壓，以確保蛋糕不會高低不均，同時把各層之間的空氣擠出來。

小祕訣：若蛋糕外覆的糖霜和夾心餡不同（例如奶油糖霜與果醬夾心的蛋糕外覆甘納許），不妨放些甘納許在擠花袋裡，袋角剪個大洞或是用大號圓形擠花嘴，然後沿著每層蛋糕的邊緣擠一圈甘納許，將各層的夾心餡封在裡面。這圈外環稱為攔壩（dam），能防止夾心餡從各層中溢漏出，如此就不會鼓起來而破壞了抹好的糖霜外層。

為蛋糕抹防屑底層

蛋糕疊好後，便可為蛋糕抹一層薄薄的糖霜，這種防屑底層（crumb coat）能將蛋糕屑封進糖霜，固定住各層蛋糕，並為接下來的糖霜外層設計鋪好基礎。

1.用金屬鏟刀將蛋糕側邊溢出的糖霜抹平到各層之間的縫隙內。
2.舀一大湯匙糖霜放在蛋糕頂部，用鏟刀把糖霜朝蛋糕側邊抹開。這麼做的目的是用糖霜把蛋糕側邊的表面鋪平，封填所有縫隙和凹洞，因此無需擔心抹得不好看。在頂部再加些糖霜，以同樣方式抹平蛋糕側邊。
3.用切麵刀或金屬大鏟刀的刀緣，以流暢不間斷的動作滑過整圈的蛋糕側邊，刀緣與蛋糕側邊接觸的角度須呈直角（蛋糕轉盤能讓你做起來較順手）。這個步驟主要是為了將多餘的糖霜刮下來。別忘了不時把累積在刀上的糖霜撇到一只大碗裡，再重複相同的步驟，直到整個蛋糕覆蓋一層非常薄的糖霜為止。將蛋糕靜置2小時或放入冰箱冷藏30分鐘。

1

2

3

小祕訣：若蛋糕疊歪了，可趁這時候用刀面輕推，將它們對齊。

製作平滑的奶油糖霜或甘納許外層

抹好防屑底層的蛋糕經過靜置後，便可用新鮮的糖霜，依照與塗抹底層糖霜相同的步驟，製作平滑的外層或是為包覆翻糖皮而準備的內層。

1.運用塗抹防屑底層的技巧——要做出平滑美觀的外層，關鍵是使用大量糖霜，這樣才能用切麵刀或金屬鏟刀刮掉多餘的糖霜，並在蛋糕的頂部和側邊交界處做出清晰俐落的邊角。
2.抹好第一層糖霜並修平後，再重複相同步驟，多抹幾層糖霜。繼續刮除多餘的糖霜並補滿所有缺口，直到蛋糕的側邊完全平滑，而且蛋糕底盤和蛋糕之間不能看到空隙。然後靜置一晚或放進冰箱冷藏30分鐘，讓糖霜變硬定形。
3.用熱刀法做最後的修整。將大把的金屬鏟刀放進剛滾的水裡1分鐘，然後拿出來將殘留在刀上的水甩掉。用鏟刀輕輕滑過糖霜表面，將凹凸不平的地方抹平，這樣就能做出平滑完美的外層。必須注意的是，這種方法可能會讓調過色的糖霜褪色，因此可先在不顯眼的位置測試一下，或直接跳過這個步驟。

1

2

3

小祕訣：這道工序一定要使用新鮮、無結塊的糖霜，才能做出具專業水準的平滑精緻外層。

以翻糖皮包覆蛋糕

蛋糕用翻糖皮封住，保鮮期可延長個幾天。你還可在上頭添加各種不同裝飾，尤其是通常無法黏貼在糖霜上的，都可以黏在翻糖上。包覆翻糖皮的蛋糕也不容易有凹痕。

儘量將蛋糕上的糖霜抹得越平整越好，經靜置後確認它已定形，再覆上翻糖皮。底下的糖霜越平整，翻糖皮所呈現的效果越好。一個20公分（8吋）的蛋糕通常需要850克的翻糖。

動手前，先確認工作桌面乾燥潔淨。為蛋糕刷上少許基本糖漿（糖漿作法參見第17頁）。稍搓揉翻糖，直到它變得有點軟。記得在桌面上撒少許糖粉——過程中可視需要再撒點糖粉，以免翻糖沾黏，但須注意過多的糖粉會使翻糖變乾而裂開。用不沾黏的擀麵棍將翻糖擀平。

蛋糕包好翻糖皮後，靜置一晚風乾，讓它「定形」——也就是變得乾，不像擀的時候那麼柔軟，從而形成一層相對較硬的外殼。翻糖皮包好後，裡面的蛋糕可保鮮3～4天，因為翻糖能有效封住蛋糕，讓蛋糕保持新鮮。包覆翻糖皮的蛋糕最好避免使用需冷藏的夾心餡（例如奶油乳酪糖霜），因為一放進冰箱冷藏，翻糖的糖粉就會融化。

1.將翻糖擀平；擀的時候可像擀麵皮般時而轉動並掀起來，以免沾黏桌面。盡量將它擀成圓形，才好蓋在蛋糕上。將翻糖擀到約3公釐薄，確認翻糖皮大到不僅能包覆整個蛋糕，還有多出來的邊。不妨事先量好蛋糕的直徑和高度，便能知道翻糖皮該擀多大。
2.將翻糖皮拿起，蓋在蛋糕上，先撫平頂部，將空氣推擠出來。
3.用手輕輕撫過整圈蛋糕側邊上緣，讓翻糖黏在蛋糕上。
4.用手輕輕推平蛋糕側邊的翻糖，並在蛋糕下緣留下一圈「裙邊」。
5.用翻糖平整器（fondant smoother），以穩定的力道推過蛋糕頂部和側邊，讓翻糖皮固定且平整。若要讓蛋糕頂部

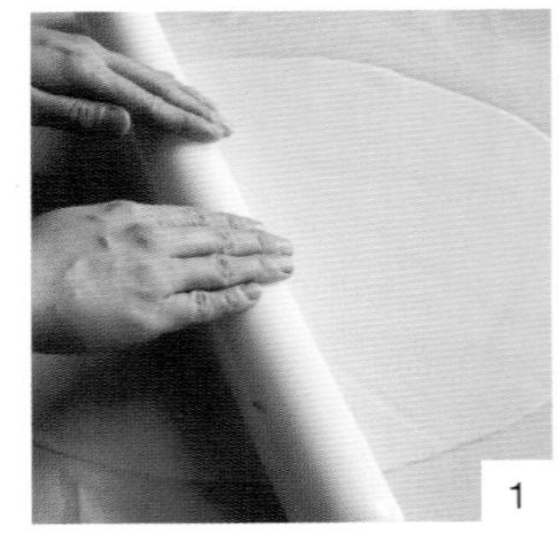
1

2

3

4

5

6

邊緣的線條更清晰俐落，可將一只翻糖平整器置於蛋糕側邊，另一只置於頂部，頭尾相抵形成直角，然後沿著蛋糕輕輕推移，修飾蛋糕邊。
6.用一把鋒利的刀子或披薩切割刀，沿著蛋糕下緣切除多餘的翻糖皮。須當心別切得太朝內，以免裡面的蛋糕露了出來。

小祕訣：方形蛋糕若要包翻糖皮，可將翻糖擀到略呈方形，然後先固定邊緣和四角，再撫平各邊的平面部分。

用翻糖皮包覆蛋糕硬紙底盤

花了這麼多工夫裝飾蛋糕，它需要一個美觀的底盤（board），對吧？讓你的蛋糕具備專業級外觀的關鍵，是用一個較大且包覆同色翻糖的蛋糕硬紙底盤放置蛋糕。不妨依照下列步驟，讓蛋糕底盤具有平滑均勻的表面。

1.在蛋糕底上刷少許基本糖漿（糖漿作法參見第17頁）。
2.將翻糖擀到足以完全覆蓋蛋糕底盤的大小，然後把翻糖皮拿起，蓋在刷過糖漿的蛋糕底盤上。
3.使用翻糖平整器，輕輕推抹到翻糖皮完全平整為止。作法是輕輕或稍微施力，以劃圈的方式移動平整器，這樣就可將翻糖表面修整得很平滑。
4.用利刀將蛋糕底盤邊緣多餘的翻糖切除。

靜置幾天，等它變乾。要把蛋糕放上去之前，先在蛋糕底盤中央點上幾點蛋白糖霜，再將裝飾好的蛋糕（蛋糕本身的蛋糕底盤會被糖霜掩蓋）放上去。等它黏合，蛋糕就會固定在定位，搬動時也不易滑動。須注意的是，若你要將蛋糕放在包覆翻糖皮的底盤上，蛋糕本身的底部一定要有蛋糕底盤，才好把裝飾好的蛋糕移到包覆翻糖皮的底盤上，也能避免蛋糕內的水氣融化底盤上的翻糖。

小祕訣：若想修飾得更完美，可取一條16公釐寬的緞帶，背面沾少許食用膠水，黏在整圈底盤的邊緣。

搬運蛋糕

把蛋糕安穩地運送到目的地，通常是整段製作過程中壓力最大的部分。但只要事前稍做準備，就能確保你的大作原封不動、毫髮無傷地抵達目的地。以下提供幾個有用的小祕訣。

・若蛋糕外覆奶油糖霜或甘納許，不妨先放入冰箱冷藏30分鐘，讓糖霜變得較堅實。

・外覆翻糖皮的蛋糕在搬運前先靜置在乾燥涼爽處一夜，讓它定形。

・最好選用有通風孔的厚紙板蛋糕盒，讓空氣可以流通，以防水氣聚積，使糖霜軟化。蛋糕盒應比蛋糕大幾公分，保留點空間在蛋糕周圍，以免擠壓到裝飾。

・用蛋白糖霜將蛋糕黏在盒底或是盒子內跟盒底等大的紙板上。這樣蛋糕在運送時便不易滑動。

・將蛋糕放置在平坦、無高低落差的表面，是順利運送蛋糕的關鍵。因此放進車子的行李廂會是比放在座位或腿上好幾百倍的方式，畢竟後兩者通常都有點傾斜。

・在蛋糕盒下放防滑墊，以免滑動。

・記得絕不要讓蛋糕盒或蛋糕受日光曝曬，以免糖霜融化褪色。在盒子上罩一塊布或紙罩，可稍微阻隔光線。

・在炎熱的天氣運送蛋糕時，最好將車內冷氣開到最強，盡快把蛋糕送到涼爽乾燥的地方。

在展示檯面上製作

若是要到目的地才將各層蛋糕組合起來、且必須直接在蛋糕轉盤或大碟子上做裝飾（或者在家這麼做時），不妨裁4條墊紙，每條寬約10公分、長約25公分。在蛋糕底盤或大碟子上把它們擺成方形，再開始將一層層蛋糕疊起來。

完成糖霜裝飾後，只需把紙條抽出來即可，就可避免在你裝飾蛋糕時底盤被糖霜沾得到處都是。

多層夾心蛋糕食譜

草莓甜心

這款令人心情愉悅的蛋糕，綿密滑潤，還有漂亮的粉紅色，讓人入口便不禁讚嘆：「它吃起來就像夾滿果醬和鮮奶油的鬆餅！」其祕方正是冷凍乾燥的草莓粉。這款蛋糕明顯充滿女性柔美的風格，不過男生只要嚐過一口，也會欲罷不能！

草莓蛋糕

無鹽奶油150克，置於室溫回軟
白砂糖450克
蛋3顆
中筋麵粉330克
發粉1½茶匙
小蘇打1½茶匙
冷凍乾燥草莓粉6湯匙
香草精1½茶匙
白脫牛奶375毫升
基本糖漿1份（作法參見第17頁）

草莓與香草糖霜

香草精2茶匙
義式奶油蛋白糖霜1份（作法參見第14頁）
草莓果醬1湯匙
冷凍乾燥草莓粉2湯匙
粉紅色食用色素膏

烤箱預熱至攝氏160度（大約華氏325度）。將3個20公分（8吋）圓形蛋糕烤模抹油並鋪烘焙紙。

先製作蛋糕。用電動攪拌機以高速將奶油連同砂糖一起打到發白蓬鬆，再慢慢加進蛋液打到混合均勻。調至最低速，加進麵粉、發粉和小蘇打，攪拌均勻。用另一只大碗混合草莓粉、香草精和白脫牛奶，然後加進麵糊，繼續以攪拌機攪拌均勻。（若是希望海綿蛋糕呈粉紅色，可在此時加進粉紅色食用色素。）

將麵糊倒入3個備好的烤模，烤30～40分鐘，烤好後讓蛋糕在烤模內靜置20分鐘，再移到涼架等它完全降溫。用大把的鋸齒刀或蛋糕夾層切割器把蛋糕頂部切平，然後為每層蛋糕刷上一層薄薄的糖漿。

製作糖霜時，先將香草精加進奶油糖霜一起打，再將糖霜平均分裝到2個碗中。其中一份以草莓果醬和冷凍乾燥草莓粉調味（當作夾心餡）。另一份留待裝飾蛋糕用。

將其中一層蛋糕放在蛋糕底盤或高腳蛋糕盤（cake stand）上，用金屬鏟刀從中央至邊緣均勻抹上一層夾心餡。以同樣的方式繼續疊放其餘兩層蛋糕並塗抹夾心餡，將蛋糕組合起來。

用剩下的草莓奶油糖霜為蛋糕抹上一層薄薄的防屑底層（方法參見第22～23頁），放進冰箱冷藏30分鐘，再依第30頁的指示用漸層色擠花技巧裝飾蛋糕。

漸層色擠花技巧

1 將香草奶油糖霜分成3碗。用食用色素膏分別將這三碗奶油糖霜調成由深至淡的柔和粉紅色；三者色調有細微差異即可，深淺不要差太多。

2 將3種深淺不同的粉紅奶油糖霜各裝進3個免洗擠花袋，用中號圓形擠花嘴，或是在袋角剪一個5公釐的洞。

3 從蛋糕下緣開始往上擠兩小團色調最深的奶油糖霜，至蛋糕高度的三分之一為止（視蛋糕高度增減糖花的數量）。接著擠中間色調的糖霜，最上面則是淡色糖霜。

4 用金屬鏟刀從左至右抹開糖霜，並保留左半部較厚的圓弧部分。換抹下一種色調的糖霜前，記得先用廚房紙巾把鏟刀擦乾淨。糖霜抹到末端薄了，再擠一直排3個色調的糖霜，直到蛋糕側邊整圈裝飾完畢。

5 在蛋糕頂部，用同樣的方式將糖霜從外緣往內圈一圈圈擠。從最外緣開始擠最淡的糖霜，以延續側邊最上緣的淡色調，朝著頂部中央的顏色逐漸變深。

6 漸層色擠花是一種容許出錯的蛋糕裝飾技巧。不小心擠壞或擠錯了，只需把糖霜刮掉重擠，直到滿意為止。

傳統那不勒斯蛋糕

這款蛋糕雖然簡單，但是它的顏色和風味卻別具一股未經雕琢的感覺。不妨仿照我在此處的作法，把賞心悅目的各層蛋糕露出來，或者也可用糖霜覆蓋整個蛋糕，讓隱藏在底下的多層美味成為一種驚喜。

巧克力軟糖蛋糕

巧克力軟糖蛋糕3個（作法參見第11頁）
基本糖漿1份（作法參見第17頁），調成香草口味

香草、草莓和巧克力糖霜

義式奶油蛋白糖霜（作法參見第14頁）或傳統奶油糖霜（作法參見第14頁）½份
草莓果醬2湯匙加冷凍乾燥草莓粉2湯匙
香草精1湯匙
純巧克力或黑巧克力25克，融化並靜置到稍微降溫

巧克力軟糖蛋糕和奶油糖霜

3個蛋糕放涼後用鋸齒刀或蛋糕夾層切割器切掉頂部，並在各個平整的頂部刷上香草糖漿。

製作香草、草莓和巧克力糖霜時，先將奶油糖霜平均分裝到3個碗中，每個碗各加不同的調味香料，攪拌均勻。

將不同口味的糖霜分裝到3個擠花袋，各裝上大號星形擠花嘴（也可共用一個擠花嘴，但在換裝到另一袋前別忘了先將它洗乾淨）。

將第一層蛋糕放在蛋糕轉盤或蛋糕底盤上，開始擠糖霜。這層用的是巧克力奶油糖霜；擠的時候從外緣往內圈擠，直到整個表面均勻覆蓋糖霜。

小心地將第二層蛋糕疊上去，再以同樣方式擠上香草奶油糖霜。

小心地將最上層的蛋糕疊上去，以同樣方式擠上一圈圈草莓奶油糖霜。（或者也可以嘗試另一種裝飾方法，在蛋糕頂部大略擠一層草莓奶油糖霜，但最外緣預留一點空間，然後用小把的金屬鏟刀將糖霜抹平，最後再沿著外緣擠一圈整齊的糖霜。

夕陽餘暉

想讓蛋糕具有令人眼睛一亮的效果，最好的方法莫過於為它加點色彩。當你沒有太多時間，卻又需要提振一下心情時，這款靈感來自夕陽、呈現夢幻色彩的蛋糕正適合你。不妨試著把這個技巧運用在其他多層蛋糕上，以不同的顏色來標示各層口味。

柳橙與藍莓蛋糕

自發麵粉535克
白砂糖450克
蛋4顆
發粉1茶匙
柳橙皮碎2顆份
酸奶油600克
鹽1撮
奶油175克，融化並放涼
藍莓200克

糖霜和裝飾

柳橙皮碎2顆份
西班牙柑橘果醬（可隨個人喜好選用）2湯匙
義式奶油蛋白糖霜（作法請參見第14頁）1份
淡紫色、橘紅色、橘黃色食用色素膏
藍莓100克，撒在蛋糕上和盤邊當盤飾

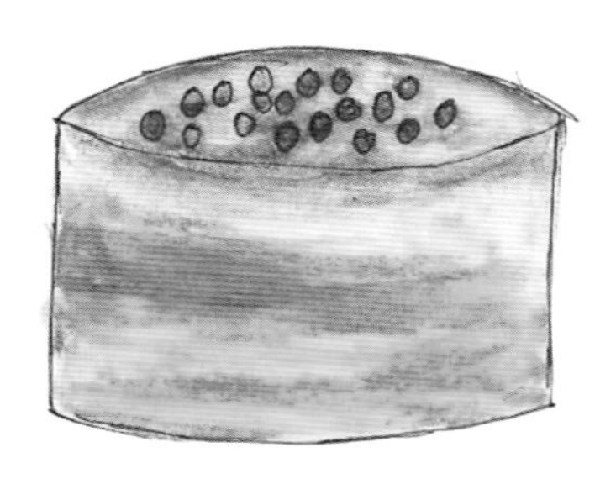

柳橙與藍莓

烤箱預熱至攝氏160度（約華氏325度）。將3個20公分（8吋）圓形蛋糕烤模抹油並烘焙紙。將所有的蛋糕材料，奶油和藍莓除外，都放進電動攪拌機的大攪拌碗內，以中速打成滑順的麵團，再加進融化的奶油攪拌至完全混合均勻。將麵糊平均倒入3個備好的烤模，撒上一把藍莓，稍微壓進麵糊表面，然後烤50～60分鐘。

製作糖霜時，先將柳橙皮碎和果醬加進奶油蛋白糖霜一起打，再平均分裝成2碗（一碗當夾心餡，另一碗用於裝飾）。

取一塊放涼的蛋糕，放在蛋糕底盤或高腳蛋糕盤上，均勻抹上一層糖霜，再依序疊放二、三層。用剩下的糖霜為疊好的蛋糕抹一層薄薄的防屑底層，包括側邊和頂層（方法參見第22～23頁），放入冰箱冷藏30分鐘。

將用於裝飾的糖霜平均分裝到3個小碗，分別用不同顏色的食用色素膏調色。用小把的金屬鏟刀，先將淡紫色糖霜從蛋糕頂部抹至側邊的上層，約相當於蛋糕高度的三分之一，接著把橘紅色糖霜抹在蛋糕側邊的中層，同樣約為三分之一等份，最後用橘黃色糖霜抹蛋糕的下層。糖霜要抹得夠厚，底下的防屑底層才不會露出來。

用乾淨的切麵刀或大把的金屬鏟刀修平表面，刮去多餘的糖霜（但別刮掉太多，以免蛋糕本體露出來）。這個步驟能讓糖霜的顏色稍微融混，形成如晚霞般的漸層效果。最後將新鮮藍莓隨意撒在蛋糕上或置於盤邊。

迷你多層夾心蛋糕

任何東西若縮小成迷你尺寸，都會變得比較可愛，不是嗎？有時你想享用多層夾心蛋糕，但又希望將蛋糕分給派對賓客時能省事點，或是覺得做大蛋糕很麻煩，那麼迷你多層夾夾心蛋糕就很合適——它的作法簡易，只需幾個杯子蛋糕和一些糖霜就行了。

香草杯子蛋糕

基本海綿蛋糕麵糊（作法參見第11頁）1份，調成香草口味

基本糖漿（作法參見第17頁）1份，以1茶匙香草精或½根香草莢的香草籽調味

糖霜

傳統奶油糖霜（作法參見第14頁）、奶油乳酪糖霜（作法參見第16頁）或甘納許（作法參見第15頁）1份，依個人喜好調味或調色

小祕訣：若層疊的蛋糕看似有點不穩，不妨拿根竹籤或吸管插進蛋糕中央，將各層固定在一起。

烤箱預熱至攝氏160度（約華氏325度）。準備2個可烤一打馬芬蛋糕的烤盤和24個杯子蛋糕的紙杯。將麵糊舀進紙杯，裝至三分之二滿，連同烤盤放進烤箱烤20分鐘左右，用竹籤插進去測試一下，若抽出來沒有沾黏物便代表烤好了。將杯子蛋糕留在烤盤上，10分鐘後拿出來置於涼架上放涼。

等杯子蛋糕完全降溫後，將紙杯剝下，再用大把的鋸齒刀將蛋糕的圓弧形頂部切掉，然後把蛋糕橫切成兩塊。這種鬆軟的蛋糕可能頗易碎裂，如果覺得不好切，不妨冷藏15分鐘再切。（若是杯子蛋糕比較扁，就不用切成兩半，可用它們疊成比較高的多層蛋糕，不過這樣一來就需要多烤幾個杯子蛋糕，才能疊出正確的層數。）

用直徑約5公分（2吋）的圓形壓模（最好是和單層的迷你蛋糕等高）將每塊蛋糕切成圓形，這樣每塊蛋糕的側邊就會很平直，不會像典型的杯子蛋糕般上寬下窄。每層蛋糕的頂部刷些糖漿。

將糖霜放入擠花袋，裝上星形或圓形大擠花嘴，在最下層的蛋糕上擠一圈糖霜。小心地疊上第二層，再擠一圈糖霜，接著同樣對齊疊放最上層的蛋糕，在頂部擠一圈糖霜，迷你多層夾心蛋糕就完成了。重複同樣的步驟，將其餘的蛋糕和糖霜做成8個三層迷你蛋糕。

祕密花園

這款芳香清爽的蛋糕充滿夏季英式花園花團錦簇的魅力。蛋糕上布滿細緻的糖晶花朵，與它的玫瑰、萊姆、覆盆子口味相得益彰。用鮮花製作自然雅致的糖晶裝飾其實並不難，只要用沒有噴灑殺蟲劑、可食用的鮮花製作，或是買現成的也可以。

玫瑰蛋糕

基本海綿蛋糕2個（作法參見第11頁），各用2滴玫瑰香精調味（或依個人口味增減）
基本糖漿1份（作法參見第17頁），用1滴玫瑰香精調味

覆盆子糖霜

義式奶油蛋白糖霜1份（作法參見第14頁）或奶油乳酪糖霜（作法參見第16頁），用2湯匙覆盆子果醬調味

萊姆凝乳

萊姆汁和萊姆皮碎（中等大小）4顆份
白砂糖175克
無鹽奶油115克，切丁並回軟

糖晶花朵

滅菌蛋白25克或蛋白1個，稍微打散
白砂糖50克
可食用的花朵和葉片（可嘗試整朵的玫瑰或玫瑰花瓣、香堇、紫羅蘭、含羞草花、報春花、天竺葵葉、康乃馨、薄荷葉、薰衣草和櫻草花）

先做凝乳。取一只中等大小的平底湯鍋，把蛋打散，再加進其他材料，以中火加熱，持續攪拌8分鐘左右，直到鍋中的混合物變稠。轉至小火煮1分鐘，同時繼續攪拌。離火讓凝乳放涼至室溫，再放進冰箱降溫，直到它凝成可塗抹的稠度。（若提前做好凝乳，放進冰箱冷藏可保存2～3週。）

製作糖晶花朵時，先備好一個鋪蠟紙的大烤盤，將蛋白和砂糖分別放進2個小碗。手持花朵或葉片，用中號（食物專用）畫筆均勻刷上一層蛋白，然後撒上砂糖。確認刷上蛋白的部分全部沾上砂糖後，輕輕甩掉多餘的砂糖。將花朵或葉片擺在烤盤上，靜置在乾燥溫暖處一夜，然後存放到內鋪蠟紙的密封容器內。糖晶花朵非常脆弱，因此若要層疊放置，最好只疊個兩至三層。

組合蛋糕時，先用鋸齒刀把已放涼的2個海綿蛋糕頂部切平，再將它們各橫切成2塊，這樣便共有4塊。刷上糖漿後，分別塗抹凝乳和覆盆子糖霜當夾心餡——其中兩層的夾心餡為凝乳，一層為覆盆子糖霜。用糖霜為蛋糕抹防屑底層（方法參見第22～23頁），然後冷藏30分鐘，最後再抹上一層平滑的覆盆子糖霜外層。

趁糖霜還未變硬時黏上花朵，這樣才會黏得夠牢。將大部分花朵緊密地黏在蛋糕頂部，剩下約一把的花朵則黏在蛋糕側邊，營造花朵從頂部飄落的感覺。

薔薇花旋

有如薔薇的漩渦形擠花，賦予這款蛋糕的外觀優美的質感。這個裝飾技巧只需一雙穩定的手、一點時間和一個擠花袋。若不小心擠壞，刮掉重擠即可。萊姆和黑莓不僅是絕配，而來自黑莓的淡紫色調，更凸顯了薔薇的擠花造型。

萊姆蛋糕

基本海綿蛋糕麵糊（作法參見第11頁）3份，每份皆以1顆萊姆份量的果汁和皮碎調味

基本糖漿（作法參見第17頁）1份，以1顆萊姆份量的果汁和皮碎調味

黑莓糖霜與裝飾

新鮮黑莓100克

白砂糖25克

義式奶油蛋白糖霜（作法參見第14頁）1份

莓果或櫻桃約50克，用於裝飾

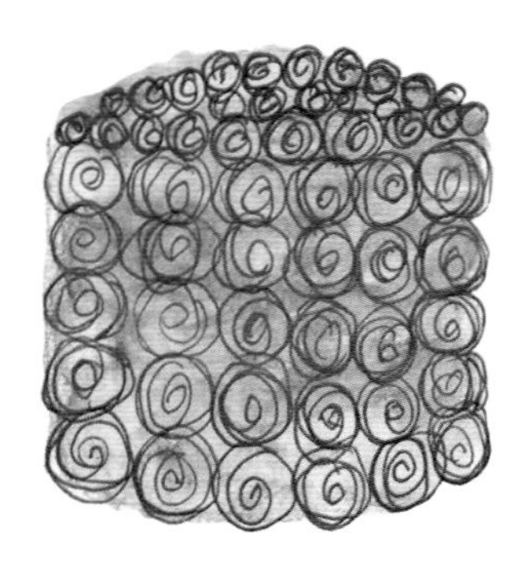

黑莓與萊姆

烤箱預熱至攝氏160度（約華氏325度）。將3個20公分（8吋）圓形蛋糕烤模抹油並烘焙紙。將麵糊平均分裝至備好的烤模烤40～45分鐘，插入竹籤測試一下，若抽出來沒有沾黏物便代表烤好了。讓蛋糕靜置在烤模內20分鐘，再移到涼架讓它完全降溫。

製作為糖霜調味和調色的黑莓醬時，先用果汁機將黑莓打至滑順。在篩子下放一只大碗，將黑莓醬倒進篩子，把籽濾掉。將砂糖加進篩過的黑莓醬攪拌均勻，然後一次一匙加進奶油蛋白糖霜中攪拌，直到糖霜呈現均勻漂亮的淡紫色、味道濃淡也符合個人喜好。將糖霜平均分裝到2個碗（一碗當夾心餡，一碗留做擠花用）。

用大把的鋸齒刀或蛋糕夾層切割器將每塊蛋糕的頂部切平並刷上薄薄一層萊姆口味的糖漿。將第一層蛋糕放在高腳蛋糕盤或20公分（8吋）圓形蛋糕底盤上，抹上一層均勻的黑莓糖霜，接著疊第二和第三層蛋糕並在中間抹夾心餡。在蛋糕頂部和側邊抹一層薄薄的防屑底層（方法參見第22～23頁），然後放進冰箱冷藏30分鐘。

將其餘的糖霜裝進擠花袋並用中號星形擠花嘴。在動手裝飾蛋糕前，不妨先在蠟紙上練習擠薔薇花形。擠花時，先從薔薇花形的正中央開始，朝上轉圈擠出螺旋狀的糖霜，再逐漸放輕擠的力道來收尾，讓尾端混進薔薇花形的邊，這樣就可以用下一朵薔薇將它蓋住。

為蛋糕擠花時，先從蛋糕側邊的下緣開始，往上擠一直排的薔薇，直到整圈側邊都裝飾好為止。每排的薔薇數量都要一樣，並確認直排與橫排的所有花朵都對齊並靠在一起。若是覺得光靠目測沒把握，也可事先用鐵尺在防屑底層上做記號，標示每朵薔薇的位置。

蛋糕頂部則以同樣的擠花方式，從中央一圈一圈擠到外緣。

最後將莓果或櫻桃放在蛋糕頂部的每朵薔薇正中央當裝飾。

檸檬雲朵蛋糕

傳統糕點也可改成多層夾心蛋糕！這款覆蓋義式蛋白霜的蛋糕充滿了檸檬的芳香；若是手邊有噴火槍，不妨烘烤一下鬆軟的糖霜，這樣不僅可以增添味道的層次，也能強調出它迷人的質地。

檸檬蛋糕

基本海綿蛋糕（作法參見第11頁）2個，並以1顆檸檬份量的果汁和皮碎調味

基本糖漿（作法參見第17頁）1份，以1顆檸檬份量的果汁和皮碎調味

檸檬凝乳

蛋4大顆

檸檬4大顆所擠出的果汁和皮碎

白砂糖350克

無鹽奶油225克，切丁並回軟

義式蛋白霜

滅菌蛋白85克或蛋白2大顆

白砂糖225克

水5湯匙

塔塔粉（譯註：cream of tartar，一種酸性的白色粉末，有助於打發蛋白並中和蛋白的鹼性）1撮

檸檬與義式蛋白霜

提前製作檸檬凝乳。將蛋打在中等大小的平底湯鍋，然後加進其他材料，以中火煮並持續攪拌8分鐘左右，直到混合物變稠。轉至小火慢煮並讓凝乳微滾1分鐘，同時持續攪拌。離火放涼到室溫，再放入冰箱冷藏，直到凝乳具有可塗抹的稠度。

用大把的鋸齒刀或蛋糕夾層切割器將放涼的2個蛋糕頂部切平，然後將它們橫切成均等的4片，並抹上檸檬口味糖漿。將第一層蛋糕放在高腳蛋糕盤或20公分（8吋）圓形蛋糕底盤上，抹一層均勻的檸檬凝乳。重複同樣的步驟將其餘三層蛋糕疊好。

接著製作義式蛋白霜。用平底湯鍋將水煮到微滾，把所有材料放進耐熱碗，置於湯鍋上隔水加熱，但碗底不可碰到水。用手持電動打蛋器將碗內的混合物拌打7分鐘，直到它滑亮並能拉出尖角，即立刻從湯鍋上移開。義式蛋白霜一旦打過就會慢慢開始變得有點硬，因此必須馬上用。

義式蛋白霜一做好，就用大把的金屬鏟刀抹薄薄一層在蛋糕頂部和側邊，接著再抹上厚厚一層，直到整個蛋糕都蓋滿糖霜，然後用鏟刀在上頭轉、扭、輕拍，做出飄動雲朵般的質感。

用噴火槍謹慎地繞著蛋糕將糖霜稍微烘烤到金黃色。這個步驟不是絕對必要；你也可隨自己的心意保留糖霜原本的鬆軟純白。不過烘過的糖霜的確能強調出質地，並讓蛋糕帶點可口的焦甜味。

覆盆子紅絲絨蛋糕

沒有什麼比得上一個鋪滿水果、閃爍滑亮光芒的蛋糕，尤其是這款結合經典歐陸風格及美式傳統的耀眼紅絲絨蛋糕。以圓形杏仁糖膏片圍繞整個蛋糕是一種精緻典雅的裝飾方法，不過你也可隨自己的喜好改用塑形巧克力或翻糖。

紅絲絨蛋糕

紅絲絨蛋糕（作法參見第12頁）3個
基本糖漿（作法參見第17頁）1份，用1茶匙香草精或½根香草莢的香草籽調味

香草糖霜

奶油乳酪糖霜（作法參見第16頁）1份，用2茶匙香草精或1根香草莢的香草籽調味

杏仁糖膏裝飾

糖粉，用於鋪撒
原色杏仁糖膏250克
新鮮覆盆子150克
無籽覆盆子果醬50克

紅絲絨蛋糕加杏仁糖膏

用大把的鋸齒刀或蛋糕夾層切割器將3個紅絲絨蛋糕的頂部切平，再用毛刷在平整的頂部表面刷一層糖漿。

將第一層蛋糕放在高腳蛋糕盤或蛋糕底盤上，以一半的糖霜當夾心餡，用金屬鏟刀在每層蛋糕的中間抹一層均勻的糖霜當夾心餡，再用剩下的糖霜為蛋糕抹防屑底層（方法參見第22～23頁）。

製作杏仁糖膏裝飾時，先在桌面上撒少許糖粉，用不沾黏的擀麵棍將杏仁糖膏擀成約3公釐（⅛吋）薄的薄片。以直徑跟蛋糕高度相當或稍小的圓形壓模把糖膏切成一片片圓形，數量要足夠圍住整圈蛋糕側邊，而且別忘了，它們黏在蛋糕上時須彼此略微重疊。

趁糖霜仍軟黏時，取一片杏仁糖膏片輕輕壓上去，接著將第二片糖膏疊在第一片約一半的位置，同樣輕壓讓它黏住，接著繼續以相同方式黏貼其餘的糖膏片，直到整圈蛋糕側邊都裝飾著層疊的糖膏片為止。

將新鮮的覆盆子堆在蛋糕頂部。用平底湯鍋將覆盆子果醬稍微加熱到變稀但不燙，然後為覆盆子刷上大量果醬，直到它們表面覆蓋一層果醬並閃爍滑亮的光澤。

用約1公尺（1碼）長的緞帶圍住蛋糕側邊約高度的一半處，輕壓讓它固定，然後紮個蝴蝶結。

神奇馬卡龍

法式馬卡龍不只賦予這款蛋糕令人眼睛一亮的時尚色彩，還提供了跟蛋糕鬆軟口感對比的美妙嚼勁。馬卡龍並不真的如一般人所認為的那麼難做；只要一點耐心和練習，就能獲得絕佳成果，若是沒那麼多時間，當然也可直接買現成的。

備好的蛋糕

20公分（8吋）多層夾心蛋糕1個，抹好防屑底層和平滑的奶油糖霜外層（作法參見第10～25頁）

馬卡龍

糖粉125克
磨碎的杏仁140克
滅菌蛋白130克或蛋白4大顆
鹽1撮
白砂糖100克
食用色素膏

甘納許

黑巧克力甘納許（作法參見第15頁）½份

柳橙糖霜淋上甘納許

先在前一天做好馬卡龍。將烤箱預熱至攝氏160度（約華氏325度）。用食物調理機將糖粉連同杏仁打到極細，然後用篩子篩進碗裡。保留2湯匙蛋白備用，其餘則倒進另一個碗，加鹽打到發泡，接著慢慢加入白砂糖打到濃稠滑亮。分次加入少量食用色素膏，攪拌均勻，直到你覺得顏色夠濃為止。拌入一半杏仁與糖粉混合物，用刮刀切拌混合均勻，再加進剩餘的一半。將之前保留備用的蛋白打到發泡，加進混合物中，輕輕切拌，直到它滑順有光澤，並具有可用刮刀拉出如緞帶般一長條的稠度。用湯匙將混合物裝進擠花袋，並用中號圓形擠花嘴，或在袋角剪一個5公釐（¼吋）的洞。

準備2個鋪上烘焙紙的烤盤。在烤盤上擠一小團直徑約3公分（1¼吋）的馬卡龍混合物。將烤盤略微平舉起來，朝桌面快速俐落地敲打一下，以去除混合物內的氣泡，然後靜置於室溫30分鐘，讓表面形成一層膜。這個步驟很重要，因為它能確保馬卡龍的底部邊緣形成完整的「底邊」（foot）（即出現在馬卡龍底部邊緣的皺褶，這代表它有適度膨脹且烘烤得當）。烤15分鐘，拿出烤箱，留在烤盤中放涼。

將一半的甘納許裝進擠花袋，並在袋角剪一個5公釐（¼吋）的洞。取一半放涼的馬卡龍，在平坦的那面擠大小相同的幾小團甘納許，再黏上另一半的馬卡龍。將夾好餡的馬卡龍放進密封容器，冷藏一夜，以形成略有嚼勁的口感。（這份食譜做出的馬卡龍數量比蛋糕所需用到的要多。你可將未夾餡的馬卡龍用保鮮膜包好冷凍，這樣可保存1個月，要用前再置於室溫解凍。）

裝飾蛋糕前，先將剩餘的甘納許稍微加熱，再用刮刀抹遍整個蛋糕頂部。做的時候動作要快而輕，同時把甘納許輕推到蛋糕邊緣，讓它往下流淌。必須注意的是，甘納許會繼續沿著蛋糕側邊流淌，所以別推太多過去——它最多應淌到蛋糕側邊的上半為止。

若還剩下一些做防屑底層和外層的糖霜，裝進擠花袋。若沒有糖霜，也可用剩下的甘納許。用大號星形或圓形擠花嘴，沿著蛋糕頂部的邊緣擠一圈圈的漩渦花樣，然後把馬卡龍直立著輕輕按進每個漩渦中央。

蛋白霜脆餅蛋糕

層疊的大片蛋白脆糖加莓果和鮮奶油夾心，可能比較像糖食而非蛋糕，但它爽口和質樸隨興的魅力，讓我忍不住想跟大家分享。不含麩質，因此有麩質不耐症的人也可享用。

開心果蛋白脆片

滅菌蛋白165克或蛋白5顆
白砂糖275克
綠色食用色素膏（可隨個人喜好選用）
開心果仁200克，磨成粗粒

馬斯卡彭（mascarpone）乳酪糖霜

高乳脂鮮奶油240克，再多加1～2湯匙
白砂糖25克
馬斯卡彭乳酪500克
香草精1茶匙
切細的薄荷葉（可隨個人喜好選用）1湯匙

夾心餡和裝飾

新鮮綜合莓果400克，包括覆盆子、草莓、藍莓和黑莓
白巧克力50克，將其融化

多層開心果脆片和馬斯卡彭乳酪糖霜

製作蛋白脆片時，先將烤箱預熱至攝氏140度（大約華氏275度）。將20公分（8吋）蛋糕烤模壓在一大張烘焙紙上，沿著烤模邊緣割出4張圓形烘焙紙，4個烤盤內各鋪一張（若是烤盤夠大，也可放2張）。

用非常乾淨的大碗將蛋白打發，在打的同時慢慢撒入砂糖，一直打到蛋白滑亮並可拉出硬挺的尖角。若要調色，此時可將食用色素連同開心果仁一起拌入。將蛋白混合物裝進擠花袋並裝大號圓形擠花嘴，然後擠出一圈圈同心圓，鋪滿整張圓形烘焙紙，邊緣預留1公分（½吋），讓蛋白有膨脹的空間。依同樣方式將混合物擠在其餘三張烘焙紙上。

烤90分鐘左右；過程中記得將各層烤架上的烤盤互換位置一、兩次，以免烤出來的顏色不均。烤到60分鐘時便關閉烤箱電源，讓蛋白脆片在烤箱內燜30分鐘，再拿出烤箱放涼，讓它們降至室溫。

製作馬斯卡彭乳酪糖霜時，先將鮮奶油和砂糖放進大碗打發到變硬。加進馬斯卡彭乳酪，輕輕切拌至混合均勻，再加進新鮮薄荷葉（若要用的話）和香草精，攪拌均勻。若有需要，可加進少量鮮奶油調整乳酪糖霜的軟硬度。

此時可開始疊放蛋白脆片。先將第一層放在高腳蛋糕盤或蛋糕底盤上，用金屬鏟刀均勻抹上四分之一的糖霜，並在整層糖霜上撒一把莓果，輕輕將它們壓進糖霜。其餘各層也以同樣方式疊放。

最上層的蛋白脆片抹好糖霜後，把莓果如小山般堆在上頭。最後淋上融化的白巧克力當點綴。

流金蛋糕

我並不是刻意偏愛，但這款香蕉蛋糕結合了最令人難以抗拒的風味，令人不禁想大快朵頤。它的裝飾簡單醒目，卻又如此誘人，配上一杯咖啡就再完美不過了。

香蕉巧克力豆蛋糕

無鹽奶油240克，置於室溫回軟
白砂糖400克
蛋4顆
熟透的香蕉4大根（或中等大小），剝成塊
酸奶油225克
香草精1湯匙
中筋麵粉400克
小蘇打2茶匙
黑巧克力碎片或塊（可可脂含量至少53%）200克

鹹味焦糖醬

白砂糖225克
無鹽奶油85克，切成塊
高乳脂鮮奶油125毫升
水60毫升
粗海鹽½茶匙

花生醬糖霜

義式奶油蛋白糖霜（作法參見第14頁）½份，以2湯匙花生醬調味

花生糖

白砂糖150克
水2湯匙
鹹味花生100克

先做蛋糕。烤箱預熱至攝氏160度（約華氏325度），將2個20公分（8吋）圓形蛋糕烤模抹油並鋪烘焙紙。用電動攪拌機以高速將奶油和砂糖打到發白蓬鬆，再慢慢加進蛋，打到混合均勻。慢慢加進香蕉塊，混合均勻，然後加進酸奶油和香草精繼續打。慢慢加進麵粉和小蘇打，接著加進巧克力碎片用手攪拌。將麵糊平均分裝到備好的烤模，烤50～60分鐘左右。

製作鹹味焦糖醬時，先將砂糖和水放進平底大湯鍋以中至大火加熱。不要攪動糖液，若有必要，只需稍晃動鍋子，幫助砂糖溶解。等糖液變成深棕色，就加入奶油。混合物會起泡變稠。攪拌到奶油完全融化便離火。加入海鹽攪拌至焦糖醬滑順，然後置於室溫放涼。剛做好時若覺得醬汁看起來有些太稀，別擔心，等放涼就會變稠。若放入冰箱冷藏可保存2週。

將這兩個蛋糕的頂部切平，然後把它們橫切成4塊。將第一層蛋糕放在高腳蛋糕盤或蛋糕底盤上，先抹一層花生醬糖霜，再淋上些許焦糖醬。設法讓些許焦糖醬從邊緣淌下，但須注意別淋太多醬，因為這樣會讓層疊的蛋糕不穩。繼續以同樣方式疊放到最上層，然後在蛋糕頂部均勻塗抹一層平滑的糖霜。

製作花生糖時，先將砂糖和水放進平底大湯鍋以中至大火加熱，直到砂糖完全溶解。不要攪動。把花生散置在鋪烘焙紙的烤盤上。當糖液變成深棕色，就把它倒在花生上。用抹油的刮刀將糖液抹開，好讓它形成均勻的薄片。做的時候要當心，因為糖液會非常燙。靜置使其凝固，然後用擀麵棍的末端輕輕將薄片敲碎，再將它們斜插在蛋糕頂部。

松露巧克力蛋糕

多麼放縱口欲！這款蛋糕讓巧克力迷的美夢成真。它嵌滿入口即化的巧克力松露，絕對是內外皆充滿誘惑的極致美味。要自己製作巧克力松露很簡單，不過得要有沾得到處黏糊糊的心理準備，要不然買現成的也可以。

備好的蛋糕

20公分（8吋）多層夾心蛋糕1個，抹好防屑底層及平滑的奶油糖霜或甘納許外層（作法參見第10～25頁）

巧克力松露

黑巧克力甘納許（作法請參見第15頁）1½份

可可粉約200克，用於裹在巧克力松露表面

小祕訣：手溫會融化甘納許，所以很容易沾得到處都是。若在為巧克力松露裹可可粉時雙手變得太黏，最好不時把手洗乾淨，以免沾壞巧克力表層的粉。不妨替幾塊松露裹些食用金粉，增添華麗感，或是做成白巧克力松露並裹椰絲。

製作巧克力松露時，先備好甘納許並靜置到它凝固但仍有延展性。你可將它放進冰箱冷藏，加快它凝固的速度，但必須記得每10分鐘攪拌一次，以免它變得太硬。從中取出約100克的甘納許，放進小碗置於一旁備用。

將可可粉撒在一只大碟子或烤盤上。取1湯匙甘納許以手心快速搓成一小球，然後放在可可粉上來回滾動，直到表層裹上均勻的可可粉。繼續以同樣方式製作，並將裹好粉的巧克力松露放在乾淨的大碟子或烤盤上。完成後，放進冰箱冷藏30～60鐘，使其變硬成形，然後用一把利刀將它們切成兩半。

將之前放在小碗備用的甘納許裝進擠花袋，用中號圓形擠花嘴或在袋角剪一個5公釐（¼吋）的洞。在蛋糕側邊的下緣擠一小團柔軟的甘納許，然後將半圓形松露平整的切面輕壓在上面。繼續以同樣方式沿著蛋糕下緣黏一行松露，接著再往上黏另一行，直到整圈蛋糕側邊都黏上松露。

將可可粉撒在蛋糕頂部做最後的潤飾。

彩虹驚喜

沒有什麼比繽紛亮麗的色彩更吸引人了。這一層層蛋糕的鮮豔顏色，彷彿正歡呼著「來開懷慶祝吧」！柔潤的奶油糖霜，暗示著裡頭藏著大人小孩都喜愛的驚喜。這款蛋糕看似很容易做——不過你得騰出大把時間調色及烘焙各層蛋糕。

彩虹蛋糕

基本海綿蛋糕麵糊（作法參見第11頁）2份，各以1茶匙香草精調味

食用色素膏6種顏色

基本糖漿（作法參見第17頁）1份，用¼茶匙香草精調味

奶油糖霜

義式奶油蛋白糖霜（作法參見第14頁）1份，以和香草海綿蛋糕口味相搭的香精或香料調味

烤箱預熱至攝氏160度（約華氏325度），將3個20公分（8吋）圓形蛋糕烤模抹油並鋪烘焙紙。一共需要6層蛋糕，因此烤模會用到2次；每次都要記得抹油和鋪烘焙紙（動作要快，以免第二批麵糊消泡）。

將麵糊平均分成6小碗。可在做麵糊之前先秤出碗的重量，做好麵糊後連碗一起秤，再扣掉碗的重量即可。將麵糊的總重量除以6，量好份量並分別裝進6個小碗。

將色素膏加進麵糊。一開始先加少量，攪拌到完全均勻，再視需要分次少量添加，直到6碗麵糊呈現6種有如彩虹的鮮豔顏色。將其中3碗倒進備好的烤模，烤25～30鐘，直到海綿蛋糕蓬鬆有彈性，而且竹籤插進蛋糕中央再抽出來時，上面沒有沾黏物。將蛋糕留在烤模中靜置5分鐘，再倒出來置於涼架上放涼。重新為烤模抹油及鋪烘焙紙，烤其餘3碗麵糊。讓所有蛋糕靜置到完全降溫。

蛋糕降溫後，用大把的鋸齒刀或蛋糕夾層切割器將每個蛋糕的圓弧形頂部切平，並刷上一層薄薄的糖漿。將第一層海綿蛋糕放在蛋糕底盤或高腳蛋糕盤或是大碟子上，然後用中等大小或大把的金屬鏟刀在整個蛋糕頂部一直到邊緣抹一層均勻的糖霜。以同樣方式疊上另一層蛋糕，直到6層都疊好為止。從剩餘的奶油糖霜中取50克放進一只小碗，置於一旁備用。

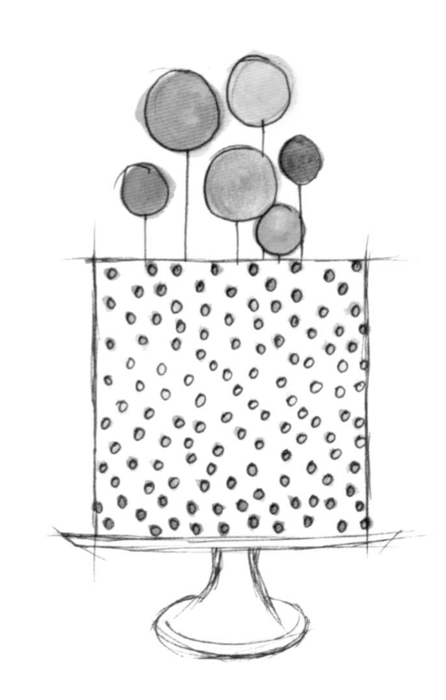

用金屬鏟刀為蛋糕抹一層薄薄的糖霜當防屑底層（crum bcoat，方法參見第22～23頁），填補所有縫隙，讓蛋糕各層穩固黏合，再置於冰箱冷藏30分鐘。然後為蛋糕塗抹一層較厚的糖霜外層（糖霜抹法參見第23頁）並用切麵刀或鏟刀將表面修平，再以熱刀法（參見第23頁）修飾到完全平滑。

將之前保留的糖霜分成6份，調成跟蛋糕各層相應的6種顏色。用裝上小號圓形擠花嘴的擠花袋，在蛋糕表面擠小點，可將不同顏色任意交錯，或是依照蛋糕內部各層顏色的順序。等蛋糕一切開，便會顯露內部各層令人驚嘆的鮮豔色彩。

天然染劑

你可自製天然的食用染劑（參見以下建議），但若想讓色彩呈現飽和、鮮豔的色調，人工的食用色素可能會比較好用。另一種方式是購買蔬果製成的天然食用染劑，不過它們的價格會比傳統的人工合成染劑高。

紅色：用榨汁機將甜菜根打成汁，或用甜菜根罐頭的汁。

橘色：用榨汁機將胡蘿蔔打成汁，或買胡蘿蔔汁。

黃色：可試試薑黃粉或蛋黃。

綠色：用榨汁機將波菜打成汁。

藍色：將約40克冷凍藍莓間歇微波30秒幾次，直到藍莓開始爆開。使用前先把汁液篩過。

紫色：將約40克冷凍黑莓微波30秒幾次，直到黑莓開始爆開。使用前先把汁液篩過。

迷彩蛋糕

一般蛋糕常裝飾得有點太甜美夢幻；畢竟大家都習慣用花俏柔美的糖霜和花朵。不過這款蛋糕內部的迷彩圖案頗合男士的品味，你只需將綠色換成粉紅色，就能做成適合女性的可愛版。這是一款傳統的大理石蛋糕，因此可選用自己喜愛的任何顏色。

薄荷巧克力蛋糕

基本海綿蛋糕麵糊（作法參見第11頁）3份，各以2滴薄荷精調味
可可粉1湯匙
純巧克力或黑巧克力25克，將其融化
卡其綠的食用色素膏
基本糖漿（作法參見第17頁）1份，以1滴薄荷精調味

薄荷巧克力糖霜

黑巧克力甘納許（作法參見第15頁）1份
無鹽奶油130克，置於室溫回軟
薄荷香精4滴
義式奶油蛋白糖霜（作法參見第14頁）或傳統奶油糖霜（作法參見第14頁）½份，以2滴薄荷精調味

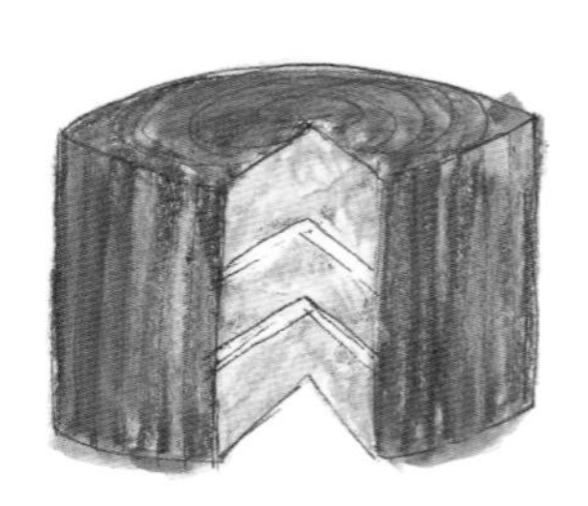

巧克力與薄荷口味大理石蛋糕

烤箱預熱至攝氏160度（約華氏325度），將3個20公分（8吋）圓形蛋糕烤模抹油並鋪烘焙紙。將麵糊平均分成3份；其中一份放入電動攪拌機的攪拌碗內，加進可可粉和融化的巧克力以低速攪拌，另一份則加卡其綠食用色素膏調色。現在應該有3種顏色的麵糊——淡棕的麵糊原色、巧克力色及卡其綠。拿一把大湯匙，以顏色交替的方式將3種麵糊分裝到蛋糕烤模，直到每一個烤模都有分量大致相同的麵糊。烤45～50分鐘，然後靜置到完全降溫。

用大把的鋸齒刀或蛋糕夾層切割器，將每個蛋糕的圓弧形頂部切平。

甘納許加進奶油和薄荷精打1分鐘，直到亮滑，但千萬不要打過頭，以免混合物分離。（在動手製作時，甘納許已處於室溫狀態也很重要，而且它不能太硬，也不能太稀。）將大約一半的甘納許裝進擠花袋，並在袋角剪一個直經約1公分（½吋）的小洞。

將第一層蛋糕放在高腳蛋糕盤或蛋糕底盤上，在頂部均勻刷一層糖漿。先沿著蛋糕頂部邊緣擠一圈薄荷甘納許糖霜做為攔壩，然後在圓圈中間的部分均勻擠上一層薄荷甘納許糖霜，將整個頂部填滿。對齊疊上第二層蛋糕，再以同樣的方式刷糖漿並擠好糖霜，直到各層蛋糕都疊好為止。

若擠花袋內還剩下一點甘納許，將它擠到已抹好糖霜防屑底層的蛋糕上，如果不夠，可用另一半的甘納許。將蛋糕放入冰箱冷藏30分鐘，再拿出來

用刮刀或大把的金屬鏟刀抹上厚厚一層甘納許外層。

趁甘納許還柔軟，用小把的金屬鏟刀，在蛋糕側邊由下往上刮出一條內凹的直條紋，然後繼續以同樣方式裝飾整圈蛋糕側邊。再以同樣的方式在蛋糕頂部從外緣朝正中央刮出一圈圈同心圓。若是發現甘納許開始變硬，不妨把金屬鏟刀浸在熱水裡加熱，這樣應該就可以讓甘納許變得比較好刮。

酷方塊

這款結合巧克力、咖啡與鹹味蜂蜜的蛋糕，滋味就如它的外表一樣迷人。它以活潑亮麗的4種色彩裝飾蛋糕表面，而內部則是別緻的棋盤式設計，其低調的顏色正好調和了外層的鮮亮色彩。

咖啡蛋糕

方形基本海綿蛋糕（作法參見第11頁）2個，以2個20公分（8吋）方形烤模烘焙，並各用2茶匙濃縮咖啡粉或咖啡粉調味

巧克力蛋糕

全脂牛奶200毫升
純巧克力或黑巧克力碎片（可可脂含量至少53%）150克，若用巧克力磚則須切細
濃縮咖啡粉或咖啡粉（可隨個人喜好選用）2茶匙
香草精2茶匙
紅糖或金砂糖（或稱黃糖）450克
無鹽奶油150克，置於室溫回軟
蛋4顆
中筋麵粉300克
可可粉3湯匙
發粉1茶匙
小蘇打1茶匙

糖霜與裝飾

義式奶油蛋白糖霜（作法參見第14頁）1份，以2湯匙蜂蜜和¼茶匙鹽調味
黑巧克力甘納許（作法參見第15頁）¾份
現成的白色翻糖1.8公斤
食用色素膏4種顏色
糖粉，用於鋪撒
基本糖漿（作法參見第17頁）或食用膠水少量

烤箱預熱至攝氏160度（約華氏325度），將2個20公分（8吋）方形蛋糕烤模抹油並鋪烘焙紙。

在等待烤好的2個咖啡海綿蛋糕降溫的同時，一邊製作巧克力海綿蛋糕。將牛奶、巧克力、咖啡粉、香草精及一半的紅糖放進中等大小的平底湯鍋，以中火至小火加熱並不時攪動。待巧克力一融化便離火。

將奶油與剩餘的紅糖放進電動攪拌機的攪拌碗，以高速打至發白蓬鬆，再徐徐加進蛋，打到混合均勻。

用篩子將麵粉、可可粉、發粉和小蘇打篩到另一只碗裡，然後加進攪拌碗內的混合物中，打到混合均勻。將電動攪拌機調到低速，並趁巧克力混合物溫度尚高時小心倒進麵糊內攪拌均勻。

將麵糊平均分裝到備好的2個蛋糕烤模，烤45～50分鐘。烤到最後剩10～15分鐘時，用鋁箔紙蓋在烤模上，以免蛋糕烤出來的顏色太深。出爐後，靜置放涼。

等蛋糕完全降溫後，用大把的鋸齒刀或蛋糕夾層切割器將頂部切平，讓每個蛋糕的高度相同。將蛋糕疊在大碟子上，各層之間墊一張烘焙紙，放進冰箱冷藏1小時，或是放進冷凍庫30分鐘，讓海綿蛋糕變得較硬，才會比較好切。

現在好玩的部分來了！要將蛋糕內部製作成棋盤狀，需依照圖樣範本（參見第157頁）的圖樣，將每個蛋糕切成一個個中空的方形。把底下鋪有烘焙紙的

其中一層蛋糕連同烘焙紙一起拿起，移至工作的桌面上。從蛋糕外圍開始，切出一個框體寬2.5公分（1吋）的方框。小心地把外圍的這個方框拿起來，置於一旁。以同樣方式從蛋糕切出較小的方框，直到中央只剩下一個5公分見方（2吋見方）的方形。重複同樣的方式切割其餘各層蛋糕。

所有蛋糕都切成方框加方形後，用金屬鏟刀在每個方框內壁抹5公釐（¼吋）厚的糖霜；它的作用就像膠水，能在你將不同顏色的方框重新組合起來時，把它們黏在一起。最外圍用巧克力口味的方框，接著卡進尺寸稍小的咖啡口味方框，然後是更小一點的巧克力口味方框，最後是咖啡口味的方形蛋糕。再以相同方式組合另一層蛋糕，但最外圍從咖啡口味方框開始。其餘兩層也比照處理。

在高腳蛋糕盤或蛋糕底盤上塗少許糖霜，小心地擺上第一層（最外圍的方框為巧克力口味）蛋糕，並抹上一層均勻的糖霜，接著再對齊疊上第二層（最外圍的方框為咖啡口味）。以同樣方式疊放其他兩層。在疊好的蛋糕頂部及側邊抹甘納許當防屑底層（方法參見第22～23頁），然後靜置30分鐘。用刮刀抹上第二層甘納許，最後以熱刀法（參見第23頁）修飾出平滑的表面及清晰的邊角。

裝飾蛋糕時，先取1公斤翻糖，擀成3公釐（⅛吋）薄，用來包覆蛋糕（方法參見第24頁）。將剩餘的翻糖平均分成4塊（若是要用4種顏色裝飾蛋糕），用食用色素膏為每一塊調色，直到色調達到你想要的濃度。留下其中一塊先用，其餘各以保鮮膜緊緊包好，以免變乾。

在乾淨平坦的桌面上，用不沾的擀麵棍將翻糖擀成3公釐（⅛吋）薄。用2.5公分見方（1吋見方）的方形壓模將翻糖切成一片片方形，或用鐵尺精準量好尺寸，再用利刀切割成方形。其餘三塊翻糖也以同樣方式裁切。讓翻糖靜置1～2小時，等它們變乾，這樣會比較容易拿取和排放在蛋糕上。

在每個方形背面刷少許糖漿或食用膠水，黏在蛋糕側邊。先從蛋糕側邊的下緣開始黏貼，蛋糕頂部則從最外圍的四邊開始，依序朝正中央黏貼。可先量好蛋糕四個邊的長度，規劃一下放置的位置，或是即興發揮也行——若是手腳很快，在糖漿凝固前總是會有點時間能夠滑動方形翻糖，調整它們的位置。

巧克力與咖啡棋盤蛋糕

七彩寶貝

你可選用自己喜愛的顏色來製作這款色彩繽紛的蛋糕。它的迷你尺寸十分可愛，而且你只需依照第10頁的蛋糕尺寸對照表，準備較大的烤模及較多麵糊，再運用相同的烘焙和裝飾技巧，就可將這款蛋糕改做成一般尺寸。

多彩香草蛋糕

基本海綿蛋糕麵糊（作法參見第11頁）1份，用1茶匙香草精調味
食用色素膏數種顏色
基本糖漿（作法參見第17頁）½份，用1茶匙香草精調味

糖霜與翻糖

傳統奶油糖霜（作法參見第14頁）1份，用2茶匙香草精調味
現成的白色翻糖1公斤
食用色素膏數種顏色
糖粉，用來鋪撒

迷你多彩香草海綿蛋糕

烤箱預熱至攝氏160度（約華氏325度），將一個20公分（8吋）方形蛋糕烤模抹油並鋪烘焙紙。把麵糊平均分裝到3～4個小碗，每碗各分次加進不同顏色的色素膏，每次添加後皆稍微攪拌，直到混合均勻。

用湯匙以不同顏色交替的方式，將各碗麵糊舀進備好的烤模，再用水果刀或竹籤攪動麵糊，做出大理石花紋，但別攪過頭，以免顏色糊在一起。放進烤箱烤45～50分鐘。

用大把的鋸齒刀或蛋糕夾層切割器將烤好的蛋糕頂部切平，再將蛋糕橫切成兩塊。用一個直徑約6公分（2½吋）的圓形壓模將兩塊蛋糕切成18個圓形小蛋糕。因為一塊蛋糕恰恰好切出4個，每個圓形須靠得很緊，所以切的時候要估量好位置。

用小刮鏟在9個直徑6公分（2½吋）蛋糕底板上塗少量奶油糖霜，然後把第一層圓形小蛋糕輕輕按上去。在蛋糕頂部刷少許糖漿，再均勻抹上一層糖霜，然後將第二層小蛋糕疊上去，並在頂部抹少許糖漿。

用剩餘的奶油糖霜為每個迷你雙層蛋糕塗抹防屑底層（方法參見第22～23頁），再抹上糖霜外層。儘量設法把外層抹得平滑——迷你蛋糕可能會不太好抹。然後置於冰箱冷藏15分鐘。

將白色翻糖分成兩等份。將其中一份用保鮮膜裹好，置於一旁備用，另一份平均分成3～4塊，每塊各揉進不同顏色的食用色素膏，再將調好色的翻糖跟

備用的那份白色翻糖一起揉到出現大理石花紋。別揉過頭，否則顏色會糊在一起，再說等到你把翻糖擀開時，還會繼續形成大理石花紋，所以這時候稍加搓揉即可。

取四分之一的翻糖，其餘的用保鮮膜緊緊包好，置於一旁備用。在桌面上撒些糖粉，然後用不沾黏的翻糖擀麵棍將翻糖擀成約3公釐（⅛吋）薄，將它切成足以包覆一個圓形小蛋糕的方形，輕輕蓋在蛋糕上，再撫平側邊（用翻糖皮包覆蛋糕的小祕訣參見第24頁）。

用利刀沿著蛋糕下緣將多餘的翻糖切除，並用翻糖平整器修整側邊。重複同樣步驟為一個個小蛋糕包翻糖皮。若是包的速度較慢，記得別任由擀好的翻糖乾掉。不妨每次只取包一個蛋糕的少量翻糖來擀，一個一個慢慢做。

現代藝術圖形

這款蛋糕的好處就在於無需太精準就能做出漂亮的成果，而且每次都不一樣。黑巧克力蛋糕的底色完美襯托出圖形的鮮豔色彩，而切開的每一片都含有獨一無二的抽象圖形組合。

彩色圖形蛋糕

無鹽奶油150克，切丁
水135毫升
白巧克力碎片，若用巧克力磚需切細
中筋麵粉150克
自發麵粉150克
白砂糖200克
鹽1撮
蛋2顆，稍微打散
香草精1茶匙
顏色鮮豔的食用色素膏，如橘色、黃色、藍色等

巧克力軟糖蛋糕

巧克力軟糖蛋糕麵糊（作法參見第11頁）3份

甘納許糖霜

甘納許（作法參見第15頁）1份
無鹽奶油150克，置於室溫回軟

巧克力脆片

純巧克力或黑巧克力碎片（可可脂含量至少53%）200克，若用巧克力磚須切細

先做彩色圖形。烤箱預熱至攝氏160度（約華氏325度）。準備2個可烤一打馬芬蛋糕的烤盤並用24個杯子蛋糕紙杯墊好。

用平底小湯鍋以小火把奶油融化在水裡，一邊攪拌。湯鍋離火，加進白巧克力一起攪拌到完全融化並跟奶油和水混合均勻。

用篩子將麵粉篩進大碗中，加進糖與鹽，然後倒進巧克力混合物、蛋和香草精，打到完全混合。將麵糊平均分裝到至少3個碗，並分別用不同顏色的食用色素膏調色。用湯匙把混合物舀進杯子蛋糕紙杯，約三分之二滿即可，然後烤20分鐘。移到涼架放涼。

製作蛋糕時，先將烤箱預熱至攝氏160度，3個20公分（8吋）圓形蛋糕烤模抹油並鋪烘焙紙。杯子蛋糕剝掉紙杯，用利刀切成方形、三角形和圓形，每個形狀的大小為2.5～5公分（1～2吋）。把部分麵糊分別鋪在3個烤模內，只需剛好蓋住烤模底部的量即可，然後將各種形狀的小蛋糕均勻散放在烤模裡，將剩餘的麵糊倒在小蛋糕上；3個烤模內的麵糊份量要均等。烤60～70分鐘。烤好後讓蛋糕留在烤模內20分鐘，再移到涼架等它完全降溫。

趁蛋糕還在烤時，用隔水加熱法製作裝飾蛋糕的巧克力脆片。將巧克力放進耐熱碗，置於平底湯鍋上用微滾的水隔水加熱，但碗底不可碰到水。輕輕攪拌，等巧克力一融化就把碗移離湯鍋。

將一大張蠟紙墊在一個烤盤內，把溫熱的巧克力倒在紙上，用金屬鏟刀鋪開，直到整個紙面均勻覆蓋一層薄薄的巧克力。取另一張蠟紙蓋在巧克力上，輕輕按壓，以除去氣泡。冷藏至少2小時，讓巧克力變硬。將上層的蠟紙剝掉，用利刀在巧克力表面劃線，讓它較容易裂成三角形及碎片。把之前的蠟紙蓋上去，堅定施力將巧克力敲碎，然後冷藏備用。

烤好的蛋糕完全降溫後，將它圓弧形的頂部切平。甘納許加進奶油一起打1分鐘，直到滑順發亮，但是別打過頭，以免混合物分離。甘納許必須處於室溫狀態，這點十分重要，而且不能太硬，也不能太稀。

把第一層蛋糕放在高腳蛋糕盤或蛋糕底盤上，在頂部抹一層甘納許。以同樣方式疊放其餘各層，疊好後再抹一層薄薄的防屑底層（方法參見第22～23頁）。靜置在桌面上1小時或放進冰箱冷藏30分鐘，讓蛋糕定形。然後在蛋糕頂部和整圈側邊抹厚厚一層甘納許外層。

趁甘納許還柔軟時，用巧克力脆片裝飾表面。我們的手溫會融化巧克力並留下指紋，所以最好用鉗子或乾淨的鑷子把脆片輕輕壓進蛋糕頂部。做好後立即食用，若經過冷藏，食用前最好先拿出來讓蛋糕回到室溫狀態。

繽紛彩糖粒蛋糕

裝飾彩糖粒總能讓杯子蛋糕顯得更可愛誘人，所以何不讓多層夾心蛋糕也鑲滿彩糖粒？這個主意聽起來似乎有點瘋狂，但不失是個讓蛋糕馬上吸引眾人注意的簡易方法。你會需要用到大量裝飾彩糖粒，無論它是什麼形狀或樣式，幾乎都派得上用場，因此正好把你手邊剩餘的各種零碎彩糖粒混合起來，全部用掉。更棒的是，蛋糕內還藏有驚喜……

五彩芳菲蒂蛋糕（funfetti cake）

色彩鮮豔的圓粒裝飾彩糖粒150克
基本海綿蛋糕麵糊（作法參見第11頁）3份，各以1茶匙香草精調味
基本糖漿（作法參見第17頁）1份，以2茶匙香草精調味

糖霜與裝飾

義式奶油蛋白糖霜（作法參見第14頁）1份，用2茶匙香草精調味
裝飾彩糖粒500克

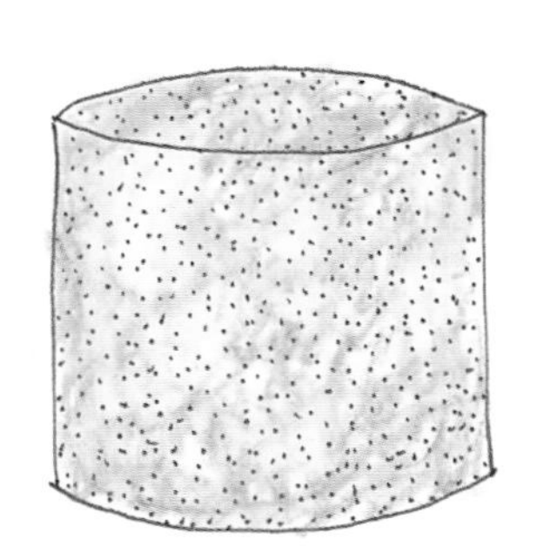

五彩芳菲蒂海綿蛋糕

烤箱預熱至攝氏160度（約華氏325度），將3個20公分（8吋）圓形蛋糕烤模抹油並鋪烘焙紙。

將小粒彩糖粒加進麵糊混合均勻，接著把麵糊平均分裝到3個備好的烤模，烤45～50分鐘，然後把竹籤插進每個蛋糕中央測試，如果抽出來時上面沒有沾黏物就表示烤好了。讓蛋糕留在烤模內20分鐘，再倒出來放在涼架上等它完全降溫。

用大把的鋸齒刀或蛋糕夾層切割器將蛋糕的頂部切平並刷上香草口味糖漿。

裝飾這款蛋糕需要2個20公分（8吋）蛋糕底盤。它們是裝飾蛋糕時不可或缺的用具，方便你拿起蛋糕任意滾動，讓蛋糕均勻黏滿彩糖粒。在其中一片蛋糕底盤上塗少量糖霜，放上第一層蛋糕，並在蛋糕頂部均勻抹一層糖霜，接著小心疊上第二層。以同樣方式將各層蛋糕疊好。

抹防屑底層讓蛋糕穩固黏合（方法參見第22～23頁），放入冰箱冷藏30分鐘，接著抹上厚厚一層糖霜外層，再冷藏1～2小時，直到糖霜完全變硬。

依照第71頁的步驟用彩糖粒裝飾蛋糕。

用裝飾彩糖粒鑲嵌蛋糕

1 小心地將彩糖粒倒進鋪好烘焙紙的大烤盤，並將它們均勻鋪滿整個烤盤。

2 用熱刀法（參見第23頁）把金屬鏟刀浸在熱水裡加熱，然後沿著蛋糕側邊抹過糖霜，讓表面些微融化，摸起來黏黏的。

3 將另一塊蛋糕底盤放在蛋糕頂部，兩手各按住蛋糕頂部和底部，拿起蛋糕。

4 把蛋糕橫放在烤盤內的彩糖粒上滾動，並視需要不時把烤盤晃一下和轉個方向，讓彩糖粒分布得較均勻。（正因如此，所以你得在裝飾前把蛋糕冷藏到變硬，以確保分層蛋糕在橫放滾動時不會散開。）

5 蛋糕側邊都鑲滿一層均勻的彩糖粒後，將蛋糕直放在平坦處。把蛋糕頂部的蛋糕底盤拿掉，如步驟2一樣，用熱刀法抹過頂部表面。

6 在烤盤內清出一塊空間，把一只小碗倒放，再將蛋糕放在上頭，然後用彩糖粒覆蓋蛋糕頂部。不妨多加點彩糖粒，把蛋糕側邊和頂部沒黏到彩糖粒的部分補滿。最後視需要用毛刷把多餘的彩糖粒輕輕刷掉。

狂野虎紋

這款引人注目的蛋糕做起來很簡單，而且只要把麵糊裝進烤模的方式稍加改變，就能創造令人驚豔的圖案。這份食譜做出的蛋糕麵糊較稀，其用意是讓蛋糕形成條紋圖案。

巧克力柳橙蛋糕

蛋8顆
白砂糖500克
200毫升加3湯匙的牛奶
葵花油500毫升
自發麵粉950克
發粉2茶匙
鹽1撮
柳橙皮碎1顆份
橘色食用色素膏
可可粉50克，過篩

夾心餡與糖霜

黑巧克力甘納許（作法參見第15頁）½份
義式奶油蛋白糖霜（作法參見第14頁）½份，用1顆份量的柳橙皮碎及1滴柳橙香精調味
糖粉，用來鋪撒
現成的黑色翻糖250克

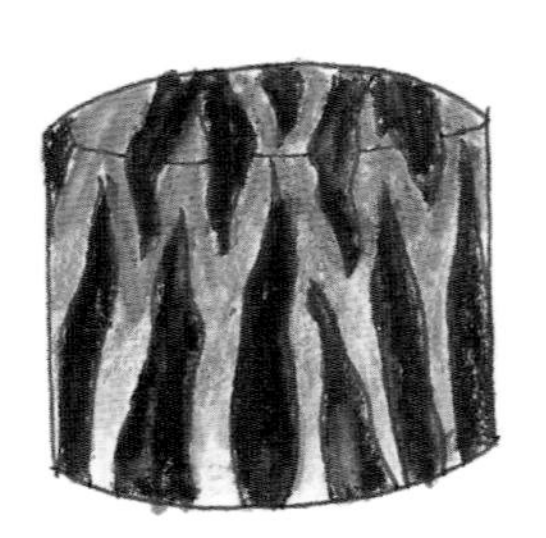

巧克力與柳橙虎皮紋

烤箱預熱至攝氏160度（約華氏325度），將3個20公分（8吋）圓形蛋糕烤模抹油並鋪烘焙紙。將蛋、砂糖、牛奶和一半的麵粉放進電動攪拌機的攪拌碗，攪拌到完全混合均勻。再加進剩餘的麵粉、發粉和鹽，攪拌到滑順。將麵糊分成2等份，其中一份加入柳橙皮碎和少許橘色食用色素膏，另一份加入可可粉及3湯匙牛奶。

舀3湯匙柳橙麵糊分別放在3個烤模的正中央，再舀3湯匙巧克力麵糊分別放在柳橙麵糊的正中央。繼續以同樣方式交替放置這兩種口味的麵糊，直到所有麵糊舀完。由於上面的麵糊會自然而然把下面的麵糊往下壓並朝外推，形成層次分明的效果，所以千萬不要把麵糊鋪開或拍打烤模。放進烤箱烤45～50分鐘。

蛋糕放涼後，把頂部切平。將5湯匙奶油蛋白糖霜裝進擠花袋。把第一層蛋糕放在高腳蛋糕盤或蛋糕底盤上，沿著蛋糕頂部邊緣擠一圈糖霜。在這圈糖霜內抹一層甘納許。疊上第二層蛋糕，並重複同樣步驟，然後疊第三層。為蛋糕抹薄薄一層糖霜當防屑底層（方法參見第22～23頁）。

在剩餘的奶油蛋白糖霜中取三分之二，用色素膏調成橘色。另外的三分之一原色糖霜則用金屬鏟刀沿著蛋糕側邊下緣抹一圈7公分（2¾吋）高的寬邊，蛋糕的其餘部分則抹上橘色糖霜。用切麵刀或大把的金屬鏟刀將糖霜表面修平，這樣將會稍微模糊2種顏色間的界線。

在工作的桌面上撒些糖粉，把黑色翻糖擀到約3公釐（⅛吋）薄，用利刀切成不同寬度和長度、並朝末端逐漸變尖的條紋。將這些條紋放在蛋糕上——有些橫過蛋糕頂部，有些從蛋糕側邊下緣延伸到頂部——並輕輕按壓，把它們黏牢在糖霜上。

OREO

巧克力餅乾蛋糕

這款蛋糕顯然是為奧利奧（Oreo）巧克力餅乾的死忠愛好者打造。從它閃爍光澤的巧克力糖霜表層到藏在蛋糕內的巧克力餅乾，再加上厚厚的餅乾麵團夾心餡，這款蛋糕簡直是口欲的無上享受。有誰能抗拒這種好滋味？

香草奧利奧蛋糕

基本海綿蛋糕麵糊（作法參見第11頁）2份，各以1茶匙香草精調味
奧利奧餅乾約28塊
基本糖漿（作法參見第17頁）1份，以2茶匙香草精調味

餅乾麵團夾心餡

無鹽奶油100克，置於室溫回軟
紅糖或金砂糖100克
中筋麵粉100克
鹽1撮
牛奶2湯匙
巧克力碎片50克

巧克力糖霜

傳統奶油糖霜（作法參見第14頁）1份，以2茶匙香草精調味
黑巧克力甘納許（作法參見第15頁）¼份

奧利奧餅乾裝飾

奧利奧餅乾約20塊
食用亮粉

烤箱預熱至攝氏160度（約華氏325度），將4個20公分（8吋）圓形蛋糕烤模抹油並鋪烘焙紙。取一部分麵糊分別鋪在4個烤模內，只需剛好蓋住烤模底部的量即可。在每個烤模內散放7塊奧利奧餅乾，並稍壓進麵糊表面。將剩餘的麵糊平均分裝到每個烤模，蓋過餅乾。烤25～30分鐘。

製作餅乾麵團夾心餡時，先將奶油和紅糖混在一起，打到非常白和蓬鬆。打得越久，越不會吃到砂糖顆粒沙沙的感覺。加入麵粉和鹽攪拌。把一半的奶油糖霜放進一只中等大小的碗。將另一半的奶油糖霜加進餅乾麵團裡打到混合均勻；可視需要加進牛奶一起打，讓它不至於過稠。加進巧克力碎片，用大湯匙或刮刀攪拌。把甘納許跟剩餘的奶油糖霜混合在一起打到滑順。

將蛋糕頂部切平。把一半的甘納許奶油糖霜裝進擠花袋，袋角剪一個洞（約1公分或½吋），或是用圓形擠花嘴。將第一層蛋糕放在高腳蛋糕盤或蛋糕底盤上並刷上糖漿，然後沿著蛋糕頂部邊緣擠一圈甘納許奶油糖霜，再用鏟刀在圓圈內抹一層均勻的餅乾麵團夾心餡。重複同樣的步驟，疊上各層蛋糕。

若擠花袋內還有剩餘的甘納許奶油糖霜，可擠在蛋糕上，抹成薄薄一層防屑底層（方法參見第22～23頁），如果不夠，可用碗裡剩餘的甘納許奶油糖霜。將蛋糕冷藏30分鐘，再塗抹最後一層較厚的甘納許奶油糖霜外層。用切麵刀或大把的金屬鏟刀將糖霜表面修平。

用食物專用的小畫筆把食用亮粉刷在剩餘的奧利奧餅乾上，並趁糖霜仍柔軟時將餅乾輕輕按在蛋糕側邊。用竹籤插進最後幾塊餅乾的夾心內，然後插在蛋糕頂部。

彩糖罐蛋糕

你可將各種小糖果或裝飾彩糖粒填進這款蛋糕內。它的作法簡易，但切開蛋糕的那刻不僅會有驚喜的大發現，還能引發眾人的連聲讚嘆。

椰子蛋糕

椰絲6湯匙
椰漿250毫升
基本海綿蛋糕麵糊（作法參見第11頁）3份
基本糖漿（作法參見第17頁）1份，用1茶匙香草精或½條香草莢的香草籽調味

椰子糖霜與裝飾

傳統奶油糖霜（作法參見第14頁）1份
椰奶150毫升
乾椰子碎片或椰絲150克

內餡

糖果或裝飾彩糖粒100克

三重椰子蛋糕

烤箱預熱至攝氏160度（約華氏325度），將3個20公分（8吋）圓形蛋糕烤模抹油並鋪烘焙紙。

將椰絲和椰漿放入平底小湯鍋，以中火煮到微滾後離火並靜置放涼。

將放涼的椰漿混合物與蛋糕麵糊混合均勻，平均分裝到3個備好的蛋糕烤模。烤40～45分鐘。

烤好的蛋糕放涼後，用大把的鋸齒刀或蛋糕夾層切割器將頂部切平，然後將3個蛋糕橫切成6層。

將椰奶加進奶油糖霜打到滑順。

依照第79頁的步驟將各層蛋糕疊起來。到時候需要一個直徑約7.5公分（3吋）圓形壓模，用來把蛋糕切成中空。

蛋糕疊好後，抹上防屑底層（作法參見第22～23頁）。放入冰箱冷藏30分鐘，然後抹上最後一層較厚的奶油糖霜外層。

用椰絲為蛋糕加上一層漂亮的裝飾。你也許會想先把椰絲稍烤過。若是如此，不妨將它們鋪在烤盤上，烤30秒鐘左右。烤的時候最好緊盯著，以免烤焦——只要稍不留神，就會焦掉。等它們冷卻，再將烤過或是未烤過的椰絲撒在糖霜上，並用雙手把椰絲輕按在蛋糕側邊的糖霜上。

製作蛋糕暗藏的空心

1 用圓形壓模（尺寸參見第76頁）將兩塊蛋糕的中心切掉。作法是先切掉一塊蛋糕的中心，然後把蛋糕拿起來，對齊疊在一塊完整蛋糕的上頭，再把壓模從空心處往下一直按進底下那層蛋糕，這兩塊蛋糕的空心處就會在完全相同的位置。以同樣方法切另外兩塊蛋糕，這樣就會有4塊中空的蛋糕。

2 在蛋糕上刷糖漿。把2塊完整蛋糕的其中一塊放在蛋糕底盤或高腳蛋糕盤上，均勻抹上一層奶油糖霜。接著小心疊上一塊中空的蛋糕，並在頂部均勻抹一層奶油糖霜。抹的時候要小心，不要抹到洞裡。

3 重複步驟2，將其餘幾塊中空蛋糕疊好。在移動層疊的蛋糕時要很小心，因為它們中間有洞，所以可能會比較不穩。

4 把選好的糖果倒進蛋糕中央的洞裡，然後在蛋糕頂部均勻抹上一層奶油糖霜，再將最後一塊完整的蛋糕疊在上頭，封住洞口。

千層蛋糕

好吧，這款蛋糕是沒到一千層，但誰又真的會去數？它當然也算多層蛋糕，只不過跟本書中其他蛋糕大不相同的是它的作法。我得坦白說，它製作起來相當費工夫，因此要有點耐心。但這款蛋糕的滋味豐富、口感濃郁，所以很值得你費那些工。

抹茶與檸檬口味蛋糕

無鹽奶油500克，置於室溫回軟
白砂糖400克
蛋10顆，將蛋白與蛋黃分離
中筋麵粉250克
檸檬皮碎2顆份
抹茶粉3湯匙，過篩
無鹽奶油100克，使其融化

白巧克力糖霜

白巧克力碎片150克，若用巧克力磚須切細
酸奶油75毫升
檸檬皮碎¼顆份

抹茶與檸檬口味蛋糕

將上火烤爐預熱到中至高溫。把烤架放在烤爐中層。取2個15公分（6吋）圓形蛋糕烤模鋪烘焙紙並在模身抹油。

把奶油和一半的白砂糖放進大攪拌碗，用手持電動打蛋器打到非常輕盈蓬鬆，再加進蛋黃打到混合均勻。

蛋白放進電動攪拌機的大攪拌碗，以中速打到發泡，然後慢慢加進剩餘的白砂糖，繼續打到可拉出滑順硬挺的尖角。將2～3大湯匙蛋白加進奶油混合物，打到混合均勻，再將麵粉和蛋白分4次輕輕切拌進混合物中。須注意別過度攪拌。

將麵糊平均分裝到2個碗，其中一份切拌進檸檬皮碎，另一份則拌入抹茶粉。取75克的抹茶混合物，平均分裝在每個烤模內，並用湯匙將麵糊抹平鋪勻。將所有烤模置放在烤爐的上火下約4分鐘來烤蛋糕的第一層，應該會看到它們變成深金黃色而有彈性。這個變化會發生得很快，所以最好緊盯著。拿出烤爐並刷上融化的奶油。

取75克的檸檬混合物，平鋪在每個烤模內烤過的薄層蛋糕上，再將烤模放回烤爐烤3～4分鐘。混合物會在你鋪開時融化，不過這不要緊。

繼續按照這種不同口味麵糊交替層疊、烘烤、刷奶油的步驟做，直到麵糊填滿烤模（最後可能還會剩下一點麵糊）。過程中，可能需要隨著麵糊表面越來越高、離熱源越來越近，而將烤架往下放。每層麵糊所需的烘烤時間可能

因你使用的烤爐而有不同，因此你可自行判斷蛋糕是否烤好。但可別烤過頭，以免蛋糕變乾硬。烤好後讓讓蛋糕留在烤模內20分鐘，再移到涼架等它完全降溫。

製作甘納許糖霜時，先將白巧克力放進耐熱的玻璃或陶瓷碗內，以中溫間歇微波30秒幾次，當巧克力就快融化，便加進酸奶油攪拌到均勻混合。若混合物中還有未融的巧克力，再放進微波爐微波10秒鐘。（這個步驟也可用隔水加熱法——參見第66頁）。加進檸檬皮攪拌，然後讓混合物放涼到室溫狀態。

蛋糕的頂部可能不會很平，但也無需切掉，以免破壞裡頭的千層紋理。把第一層蛋糕放在蛋糕底盤或高腳蛋糕盤上，並抹上一層薄薄的白巧克力甘納許——只要足夠讓表面較平整、以方便疊放另一層蛋糕的量即可，但也不要抹太厚，否則蛋糕切開後，千層紋理看起來會像有界線分隔。接著疊上第二層蛋糕，並用金屬鏟刀在蛋糕頂部和側邊抹薄薄一層白巧克力甘納許——它有點類似防屑底層，只不過這款蛋糕不會掉屑！最後，再抹上一層稍厚的甘納許，但只要足以掩蓋蛋糕表面就好；抹太多反而會蓋過蛋糕本身清淡細緻的風味。

禮物

翻糖蝴蝶結是妝點生日蛋糕的簡易方法之一；蝴蝶結可做成各種顏色，因此能隨個人喜好自行調整。它可事先做好，以節省時間，只要連同一小包食品用乾燥劑放入密封容器保存，讓翻糖保持乾燥即可。

備好的蛋糕

20公分（8吋）方形多層夾心蛋糕1個，抹好傳統奶油糖霜防屑底層和平滑的糖霜外層（作法參見第10～25頁）

蝴蝶結裝飾

食用色素膏
白色翻糖250克
玉米粉，用來鋪撒
基本糖漿（作法參見第17頁）或食用膠水少量

前一天預先做好蝴蝶結。取少量選好顏色的色素膏，揉進翻糖，直到顏色均勻且翻糖滑順有延展性。將翻糖分成2等份；其中一份用保鮮膜緊緊包好，以免乾掉。

在桌面上撒些玉米粉。用糖粉也行，不過玉米粉較細，更能防止翻糖沾黏。用中等大小的不沾黏擀麵棍把翻糖擀成3公釐（⅛吋）薄、約38公分（15吋）長與15公分（6吋）寬的長方形，再用利刀把長方形的四邊裁整齊。

把長方形的兩個長邊各朝內摺5公釐（¼吋）。找出長方形的中心點。把兩個長邊一半的地方往內揑到中心點，形成褶子，兩端也一樣揑起來。

在正中央揑起來的位置刷少許膠水或糖漿，然後把揑起的兩端彎到中央相接，按壓在食用膠水或糖漿上固定，做成蝴蝶結的兩個環；兩個環必須等長。（須注意，有接點的這一面是蝴蝶結的背面。）

接下來，需要一片長方形的翻糖遮蓋接點。在桌面上撒些玉米粉，將翻糖擀成同樣薄度、但長寬約為14公分（5½吋）和10公分（4吋）的長方形。將它的兩個長邊往內摺到中央相接，然後把兩端揑起。把長方形放在蝴蝶結底下，擺成一橫一直，而蝴蝶結的中央對準長方形長度一半的位置。在長方形揑起的兩端刷少許膠水或糖漿，然後用這條翻糖圍繞蝴蝶結的中央包住，再輕輕壓按固定。

把蝴蝶結翻過來，讓正面朝上。把幾張乾淨的廚房紙巾揉成團，小心塞進蝴蝶結的兩個環內，以維持它們的形狀，然後靜置在乾燥陰涼處一夜。剩下的翻糖用保鮮膜緊緊包好，留待第二天使用。

等你準備裝飾蛋糕時，用剩餘的翻糖依照製作蝴蝶結的前幾個步驟，將翻糖做成長方形並把兩個長邊往內摺，這樣就做好了一條長緞帶。將緞帶對半切成兩條，再將各條緞帶的其中一端切成斜角。

在方形蛋糕頂部的正中央及正面的兩個角刷少許食用膠水或糖漿，將兩條緞帶放在蛋糕上，讓有斜角的一端順著蛋糕正面的兩個角垂下，然後將緞帶的另一端輕輕按壓在蛋糕頂部正中央，把它們黏牢。

在蛋糕頂部緞帶末端的中央，刷上少許食用膠水或糖漿，然後把蝴蝶結輕輕按壓在上頭，固定位置並掩蓋兩條緞帶的接點。

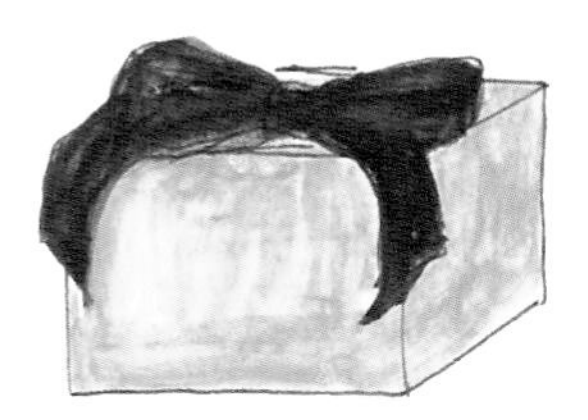

外覆傳統奶油糖霜的基本海綿蛋糕

心形圖案蛋糕

想對某些人說你愛他們？那麼何不用這款超酷的蛋糕設計表達你的愛意？你不僅能藉此練習如何處理翻糖，而且這種翻糖裝飾也能完美掩飾抹得不夠平滑的糖霜外層。製作心形翻糖的技巧同樣可用來製作其他醒目的圖形，例如圓形或星形，創造出簡潔醒目的幾何風格。

備好的蛋糕

20公分（8吋）圓形多層夾心蛋糕1個，抹好防屑底層和平滑的糖霜外層（作法參見第10～25頁）

心形裝飾

現成的白色翻糖800克
食用色素膏
糖粉，用於鋪撒
基本糖漿（作法參見第17頁）或食用膠水少量

心形翻糖裝飾

取50克翻糖，加進少量選好顏色的食用色素膏一起揉到翻糖滑順有延展性。在工作的桌面上撒些糖粉，用不沾黏的擀麵棍將翻糖擀到約3公釐（⅛吋）薄，再用心形壓模切成3個直徑3.5公分（1⅜吋）的心形（可多切幾個），置於一旁備用。

再撒些糖粉在桌面上，然後將剩餘的白色翻糖擀成相同薄度。用壓模切出足夠裝飾整個蛋糕的多個心形。靜置2～3小時讓它們變乾，這樣會比較容易拿取和擺放在蛋糕上。

裝飾蛋糕時，用食物專用的小畫筆沾少許食用膠水或糖漿，刷在一片白色心形翻糖的背面，輕輕貼在蛋糕側邊的下緣。以同樣方式在下緣黏一圈心形翻糖，接著再往上黏第二行，但其中一個改黏紅色心形翻糖。將其他兩個紅色心形翻糖黏在第三行和第四行，讓這三個紅心呈一直線。最後一行則全用白色心形翻糖；若翻糖稍突出蛋糕頂部也無妨。

多彩糖粒糖霜餅乾蛋糕

運用糖霜餅乾是一種別出心裁的蛋糕裝飾方式，總是會令人忍不住趁切蛋糕時把餅乾拔下來大快朵頤。這份食譜所做出的餅乾數量較多，因此即便做壞了或是想要大膽實驗也無妨。

備好的蛋糕

一個20公分（8吋）圓形多層夾心蛋糕，抹好防屑底層並包覆平滑的翻糖皮（作法參見第10～25頁）

餅乾

無鹽奶油200克，置於室溫回軟
白砂糖200克
調味香料：1根香草莢的香草籽，或是1顆柳橙或檸檬份量的皮碎，也可用麵粉50克加可可粉50克替代
蛋1顆
中筋麵粉400克

糖霜

蛋白糖霜（作法參見第16頁）1份
食用色素膏數種顏色

花形糖霜餅乾

製作餅乾時，先將奶油、砂糖和調味香料置於大碗一起攪拌至柔滑。不要打到蓬鬆，以免混合物裡有太多空氣，使得餅乾的形狀在烘烤時走樣。加進蛋打到均勻混合，再加進麵粉攪拌成麵團。將麵團分成兩等份，將它們壓平到約2.5公分（1吋）的厚度，用保鮮膜包好，放進冰箱冷藏30分鐘。

取其中一份麵團，上下各放一張烘焙紙，然後用大擀麵棍將麵團擀成5公釐（¼吋）薄，再用餅乾壓模切成不同大小的花朵形狀。將它們放在鋪好烘焙紙的烤盤上。儘量把較大的花朵集中在一個烤盤，較小的放在另一個，以免烤得不均勻。可趁切剩的麵團變硬無法再用之前，重新搓揉並擀開再用。選3朵較大的花朵，把竹籤鈍的一頭小心插進去；這些花將用來插在蛋糕頂部當作裝飾。把所有花朵放進冰箱冷藏30分鐘，並將烤箱預熱至攝氏160度（華氏325度）。

烤8～12分鐘（視它們的大小而定），直到餅乾邊緣呈深金黃色。烤好後移到涼架放涼。

依照第88頁的指示裝飾餅乾。須注意的是，用來勾勒花朵邊線的糖霜需具有像義式蛋白霜般能拉出柔軟尖角的稠度，但又硬到能維持形狀。而用於填滿花形的糖霜則需如高乳脂鮮奶油的稠度。

等餅乾上的糖霜變乾後，在餅乾背面點幾點蛋白糖霜，貼在蛋糕側邊。3朵有竹籤的花朵則高度錯落地插在蛋糕頂部。

為餅乾上糖霜

1 將蛋白糖霜平均分裝成兩碗。其中一碗加½茶匙水混合均勻，做為勾勒邊線的糖霜。然後把1～2茶匙水一邊加入另一碗糖霜內，一邊慢慢攪動混合，直到它呈現填滿花形用的糖霜所需稠度（參見第86頁）。

2 用食用色素膏為糖霜調色，然後用湯匙把每種顏色的糖霜分別舀進幾個拋棄式擠花袋。在填形用糖霜的擠花袋袋角剪一個5公釐（¼吋）的洞，而勾勒用糖霜的擠花袋袋角則剪一個3公釐（⅛吋）的洞。

3 用勾勒用糖霜畫出餅乾的邊線；須留意線條的厚度要相同，而中間的部分稍後再以填形用糖霜填滿。

4 靜待30分鐘等邊線風乾，再以填形用糖霜把中間填滿。

5 用竹籤把氣泡挑破。讓餅乾靜置一夜風乾，或是放進微溫的烤箱中烘乾（溫度要降到能用手直接拿裡面的烤盤而不會被燙到的程度，否則會破壞糖霜的顏色）。

6 擠稍厚的勾勒用糖霜添加細節裝飾，然後靜置至少1小時風乾。到這個階段，可換用裝有極小號擠花嘴的擠花袋，或是擠較薄的糖霜來裝飾多餘的餅乾。糖霜所需用量視餅乾設計而定。

簡約手繪蛋糕

在包覆翻糖皮的蛋糕上用食用色素繪製圖案，是一種裝飾蛋糕的簡易方法。只需要一些工具和想像力，因此不妨從這款簡單的設計開始，逐步嘗試較複雜的設計，或是讓小孩在有如空白畫布的翻糖蛋糕上自由發揮創意，將他們的隨手塗鴉化為獨一無二的裝飾。

備好的蛋糕

20公分（8吋）圓形多層夾心蛋糕1個，抹好防屑底層並包覆平滑的翻糖皮（作法參見第10～25頁）

手繪裝飾

數種顏色的食用色素膏
伏特加或水

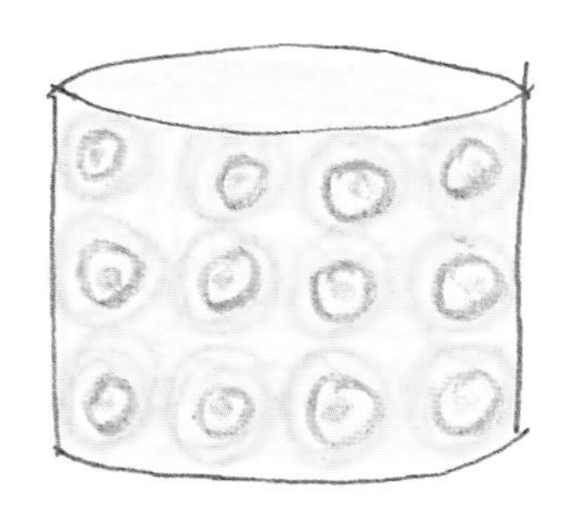

簡單的手繪裝飾

取不同顏色的食用色素膏，各放一小團在乾淨的調色盤（食物專用）或碟子上，每個顏色不要靠太近，以方便調色。調少許伏特加或水，讓色素膏變稀一點，這樣就能當作畫的顏料；顏色的濃淡則視你加多少伏特加或水而定（這點跟水彩很像）。伏特加會比水更好用，因為酒精揮發得很快，可避免翻糖裡的糖分溶解。不過用水也可以，不過可別加太多，否則畫到蛋糕上會流淌下來，而且得等較久才會乾。

調好幾個顏色後，若還有用剩的翻糖，不妨在上頭試畫，再視需要添加色素膏或伏特加來調整濃淡。

先從蛋糕側邊的下緣開始下筆。用一支小畫筆（食物專用）以流暢不間斷的筆觸畫一個大圓。（等顏料乾後，可再描一遍，讓圖形更清晰。）沿著整圈下緣畫一個個大圓，也可依自己的喜好換別的顏色。在下筆畫第一個圓形時要留意它的大小，最好儘量讓整行都是尺寸均一且間距相等的圓形。如果畫到最後空間不夠，不妨把最後一個改成較小的圓形，接下來的幾行也比照辦理，讓小圓成一直排，並把這塊位置當成蛋糕的背面。

以同樣的方式畫第二行和第三行。儘量讓所有的圓形大小相同。就算畫得不夠圓也無需擔心，因為這樣反而有種手繪的迷人美感，況且重點是大小必須近似。

等整圈蛋糕側邊都畫上大圓後，再用不同顏色在大圓內畫較小的圓形，最後在每個圖形的正中心畫一個小點。

經典玫瑰

玫瑰與紅心堪稱絕配，而這款蛋糕兩者兼具。蛋糕的心形是巧妙運用一個方形蛋糕加一個圓形蛋糕的兩半所組成，因此無需用到特殊形狀的烤模。等你的翻糖玫瑰製作技巧熟練後，不妨自己建立一條小小生產線大量製作——你會發現它可讓人放鬆，效果出奇。

備好的蛋糕

20公分（8吋）圓形多層夾心蛋糕1個，頂部修平
20公分（8吋）方形多層夾心蛋糕1個，頂部修平

甘納許

白巧克力或黑巧克力甘納許（作法參見第15頁）1份

玫瑰裝飾

紅色食用色素膏
現成的白色翻糖1.5公斤
植物油
蛋白糖霜（作法參見第16頁）½份糖粉，用於鋪撒

外覆甘納許的海綿蛋糕

預先製作玫瑰。準備幾個透明塑膠套置於一旁備用。將色素膏均勻揉進翻糖，從中取1公斤用保鮮膜緊緊包好，留待包覆蛋糕用。從剩餘的紅色翻糖中取出重約40克的一塊，分成五等份，用手心搓成球。把剩下的翻糖用保鮮膜緊緊包好。接著依照第95頁的方法將5顆紅色翻糖球做成一朵玫瑰。

用同樣方法製作所有玫瑰——約20朵應該就足夠裝飾整個蛋糕頂部。你也許會用到更多朵，視你最後做出來的玫瑰大小及排列的緊密度而定。將做好的玫瑰靜置一夜，然後連同一小包食物乾燥劑放進密封容器，用到之前要保持乾燥。

當你準備組合蛋糕時，先將圓形蛋糕直切成兩半，接著用中等大小的金屬鏟刀在這兩塊半圓形蛋糕的切面各抹薄薄一層糖霜。將兩塊半圓形蛋糕分別輕壓在方形蛋糕相鄰的兩個邊（不是相對的邊）。已修平頂部並抹好夾心的方形和圓形蛋糕必須高度相同，這樣組合後頂部才不會有高低落差。

用金屬梯形鏟刀為蛋糕抹一層薄薄的甘納許防屑底層。放進冰箱冷藏30分鐘後，再抹厚厚一層甘納許外層，放進冰箱冷藏30分鐘。

在工作的桌面上撒些糖粉。用不沾黏的擀麵棍將之前預留的紅色翻糖擀成3公釐（⅛吋）薄，用它將蛋糕包好（方法參見第24頁）。

裝飾蛋糕時，先將蛋白糖霜調成跟玫瑰相同的顏色，裝入擠花袋，並在袋角剪一個直徑約1公分（½吋）的大洞，或是用小號圓形擠花嘴。想好放置玫瑰的位置，然後在玫瑰背面擠一小團蛋白糖霜，輕輕按在蛋糕頂部，讓它黏牢。依照同樣步驟做，直到蛋糕頂部全部裝飾好，然後靜置1小時。

小祕訣：若想用翻糖玫瑰裝飾整個蛋糕，大約需要75朵玫瑰，翻糖用量為1.5公斤。當你把玫瑰貼上蛋糕時，先從蛋糕側邊的下緣開始黏一行玫瑰。等玫瑰背面的糖霜變硬後，再往上黏第二行。由於玫瑰較重，因此如果它們在糖霜還沒變硬前往下滑，不妨用竹籤插進每朵玫瑰下方的蛋糕裡，撐住玫瑰，等糖霜變硬再取出。

玫瑰製作技巧

1 在塑膠套內稍抹點油，將5顆翻糖球放進去。

2 用大拇指將翻糖球壓扁。

3 手指按在翻糖上，從一側滑到另一側，將翻糖做成底部較厚、而一邊較薄的花瓣。

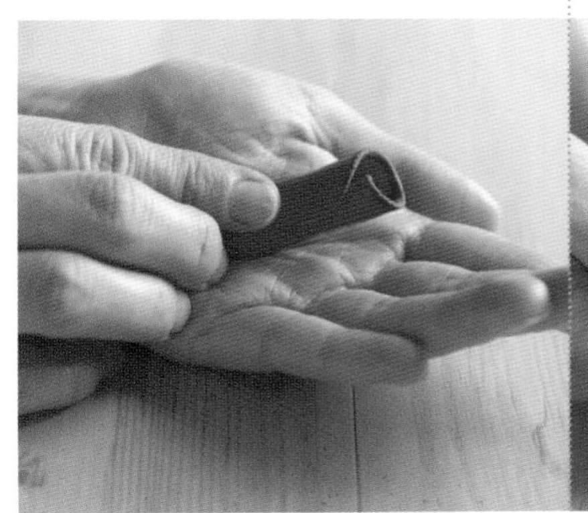

4 將一片花瓣捲起來。薄的一邊朝上，厚的一邊朝下。

5 第二片花瓣包在第一片外面，並蓋住捲邊的縫隙。第三片花瓣略插進第二片再包起來。重複這個步驟，直到所有花瓣都圍繞中心包好。

6 用手指撥整花瓣，讓邊緣微捲並呈波浪狀。用金屬鏟刀將底部多餘的翻糖切掉，將玫瑰直立靜置，直到變乾。再取40克翻糖，分成五等份，搓成球，從步驟1開始。重複相同方法，直到做出足夠裝飾整個蛋糕頂部的玫瑰。

珍珠湧泉

這款蛋糕的造型時髦而高雅，是將最簡單的材料變得精美醒目的最佳範例。把翻糖揉成球人人都會，所以若是想用簡易的裝飾立即創造別緻的造型，不妨試試這款。

備好的蛋糕

20公分（8吋）圓形多層夾心蛋糕1個，抹好防屑底層並包覆平滑的翻糖皮（作法參見第10～25頁）

珍珠裝飾

現成的象牙色翻糖500克
可食用的珍珠亮粉
伏特加或水
蛋白糖霜（作法參見第16頁）½份

包覆翻糖皮的海綿蛋糕

捏一塊豌豆仁大小的翻糖，用手心搓成如珍珠般的圓粒，放在墊了蠟紙的烤盤上。重複這個步驟，將翻糖搓成大小不一的球形，但儘量不要和第一顆的尺寸相差太大。若是覺得某顆翻糖看起來太大，不妨捏掉一點再重搓。搓揉的同時，原本的翻糖塊須用保鮮膜蓋好，以免乾掉。

等翻糖塊快用完時，之前搓好的珍珠應該也有點乾了。這時可用一支大畫筆（食物專用）沾可食用的珍珠亮粉，把翻糖球邊推邊滾，直到它們具有均勻的光澤。

在蛋糕頂部刷少量伏特加或水（只需能讓表面變稍黏的量即可）。在整個頂部擺滿珍珠，讓它們黏住；在擺放時若蛋糕的翻糖皮表面變乾，可再刷點伏特加或水。

將蛋白糖霜裝進拋棄式擠花袋，在袋角剪一個直徑約3公釐（⅛吋）的小洞，或是用小號圓形擠花嘴。取剩餘珍珠的其中一顆，在上面擠一小點蛋白奶油，黏在蛋糕側邊上緣。繼續以同樣方式進行，並把珍珠如珠串散落般貼在蛋糕側邊。在蛋糕頂部的中央疊一些珍珠，用蛋白糖霜黏牢。

若想添加裝飾，可在蛋糕側邊下緣圍一圈緞帶，兩端繞到蛋糕背面相接，然後以食物專用的小畫筆刷上一點蛋白糖霜或是食用膠水，再將緞帶兩端黏接起來。

鱗片拼貼

鮮豔色彩與質感的結合，構成這款蛋糕亮麗又富現代感的裝飾。它的技巧本身其實非常簡單，顏色才是真正讓蛋糕變得鮮活醒目的關鍵。這個設計將拼布的概念以新穎的應用方式呈現，可為別具特色的歡慶場合增添吸睛的亮點。

備好的蛋糕

20公分（8吋）圓形多層夾心蛋糕1個，抹好防屑底層及平滑的糖霜外層（作法參見第10～25頁）

鱗片裝飾

現成的白色翻糖800克
糖粉，用於鋪撒
食用色素膏數種顏色
基本糖漿（作法參見第17頁）或食用膠水少量

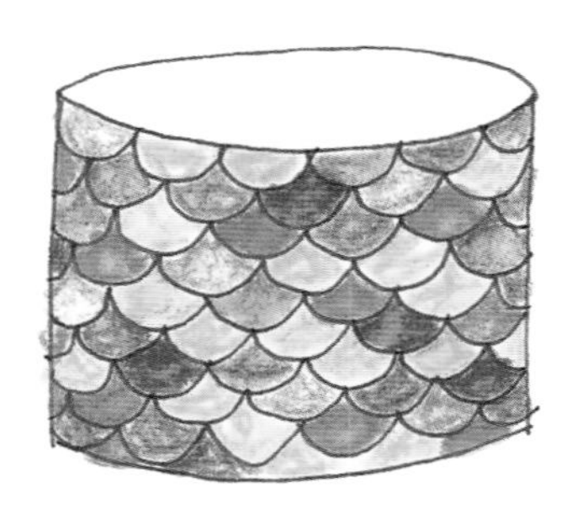

多彩鱗片翻糖裝飾

製作鱗片形翻糖時，先將翻糖依照色素膏的顏色數量分成幾等份，然後每個顏色的色素膏取少量分別揉進各份翻糖中，直到顏色均勻且滑順有延展性。留一份先用，其餘不同顏色的翻糖則用保鮮膜緊緊包好。

在工作的桌面上撒些糖粉，用中等大小的不沾擀麵棍將翻糖擀成約3公釐（⅛吋）薄。用直徑3公分（1¼吋）的圓形壓模將翻糖切成圓形薄片。一次做一種顏色。將所有薄片置於一旁2～3小時待乾，這樣會比較容易拿取並黏貼在蛋糕上。

準備把翻糖薄片黏上蛋糕時，用食物專用的小畫筆在一片翻糖背面刷少許食用膠水或糖漿，再將薄片輕輕貼在蛋糕側邊下緣。以同樣方式將另一片貼在第一片翻糖旁。繼續以同樣方式貼滿整圈下緣。

現在開始貼第二行。將這行的第一片翻糖蓋在前一行兩片翻糖相接的位置上；這樣重疊放置會形成類似魚鱗的效果。繼續以同樣方式黏貼。等到剩下最後一行時，先把每片翻糖切掉三分之一，並確認每片都修成同樣大小，再以相同的方式黏在蛋糕上。

花串蛋糕

這款蛋糕雅致的花朵設計模仿胸花的波浪狀皺褶花瓣，可為蛋糕增添亮麗的視覺效果和設計感。可視場合所需，自行調整花飾顏色，表現柔和俏麗或喜氣耀眼的風格。

備好的蛋糕

20公分（8吋）圓形多層夾心蛋糕1個，抹好防屑底層並包覆平滑的翻糖皮（作法參見第10～25頁）

花朵裝飾

白色翻糖膏150克
現成的白色翻糖150克
食用色素膏數種顏色
糖粉，用於鋪撒
基本糖漿（作法參見第17頁）或食用膠水少量

翻糖膏花飾

要製作花飾，須事先備好一組4個不同大小的圓形壓模，尺寸為直徑3～10公分（1¼～4吋），還有壓褶棍（參見第123頁）。皺褶製作技巧需要點時間練習，因此剛開始不妨先拿一條翻糖試做，幫助自己掌握要領。不過也別擔心做得不夠完美，因為花朵的皺邊毋須過於整齊。

將翻糖膏和翻糖加在一起搓揉，直到滑順有延展性，然後分成2～3等份（視你設計的花朵顏色而定），分別加進色素膏調色。留一份先用，其餘則用保鮮膜緊緊包好。

在工作的桌面上撒些糖粉，用中等大小的不沾擀麵棍將翻糖擀成約3公釐（⅛吋）薄。用尺寸最大的3個壓模切成3個圓形薄片。取最大的那張薄片，用壓褶棍滾壓邊緣，做成薄而呈波浪狀的花邊。其餘兩片也以同樣方式製作。

用一支食物專用小畫筆，刷少許食用膠水或糖漿在最大的薄片背面中央，跟邊緣間隔2公分（¾吋）。將花邊薄片黏在蛋糕側邊下緣。視需要可再多刷點膠水，讓薄片黏牢。

以同樣的方式把次大的薄片黏在第一片的中央，然後再把最小的那片黏在第二片的中央。等三片都黏牢後，用手指撥整每一片的邊緣，讓花邊的皺褶更明顯。

用直徑3公分（1¼吋）的圓形壓模切出5張翻糖薄片，跟之前一樣用壓褶棍做皺褶花邊。把每一片對摺成半圓，再對折成扇形（如右頁下圖所示）。

用一支小畫筆，將少量食用膠水或糖漿刷在已黏上蛋糕的花飾中央，然後再把把5個皺褶扇形翻糖輕輕壓在上面，讓它們緊鄰在一起。等膠水或糖漿乾了以後，再用手指輕輕撥整花邊，讓花朵有綻開的感覺。

重複相同步驟，用剩餘的翻糖和翻糖膏混合物再製作兩朵花飾。以從下到上的斜線排列方式，將花飾黏到蛋糕上。若想製作不同大小的花飾，也可自行改換壓模的尺寸。

應急條紋

這款蛋糕有個祕密。想知道嗎？這個嘛，雖然它看起來很酷，但它用的可說是全天下最簡單的蛋糕裝飾方法──真的完全不需要任何專業技巧！有次我發現手邊剛好欠缺慣用的材料，不得不隨機應變，於是想出了這個點子。而毫無壓力的製作過程，更讓獲得美妙成果的喜悅加倍！

備好的蛋糕

20公分（8吋）圓形多層夾心蛋糕1個，抹好防屑底層及平滑的糖霜外層（作法參見第10～25頁）

條紋裝飾

現成的白色翻糖1.5公斤
黃色食用色素膏
糖粉，用於鋪撒
基本糖漿（作法參見第17頁）或食用膠水少量

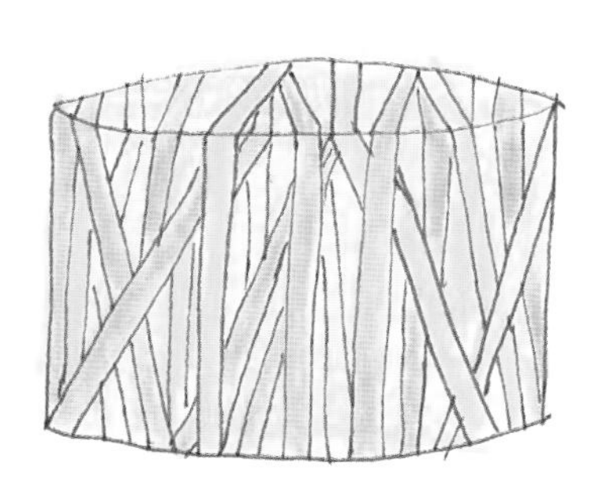

黃色翻糖條紋裝飾

將翻糖分成三等份，各調成不同深淺的黃色（或你選擇的任何顏色，也可隨個人喜好把條紋做成多種顏色）。從這三份當中各捏取100克翻糖，其餘則用保鮮膜緊緊包好。

在工作的桌面上撒些糖粉，用中等大小的不沾擀麵棍，把其中一種色調的黃色翻糖擀成約3公釐（⅛吋）薄的長方形。它的長度應要足以從蛋糕一側的下緣橫過頂部、再到另一側的下緣，所以需要約40公分（16吋）長。

用一把利刀把長方形翻糖切成寬度約1.5公分（⅝吋）的兩長條。把剩餘的翻糖揉過並包好，留待稍後使用。以同樣方式處理另外兩份翻糖。每種色調一次只會先用到兩條，若切多了，就會在黏上蛋糕前乾掉。

將第一條翻糖橫過蛋糕頂部放置，讓兩端順著蛋糕兩側垂落，再用利刀把兩端多出的部分修掉。依照同樣方法，以不同色調和方向交錯的方式，黏貼其餘不同色調的長條翻糖。蛋糕的糖霜外層理應能黏住翻糖，但若糖霜已經變硬、不再濕黏，只需在貼上長條翻糖前，用乾淨的食物專用小畫筆在蛋糕上刷少許食用膠水或糖漿即可。

重複先前製作和黏貼長條翻糖的步驟，直到整個蛋糕蓋滿翻糖，完全看不到底下的糖霜為止。可用少許食用膠水或糖漿，讓疊在上頭的長條翻糖較易黏在底下的翻糖上。

宮廷侍女圓頂蛋糕

這款加入一點小變化的多層夾心蛋糕，設計靈感是來自傳統的瑞典王妃蛋糕（Swedish princess cake），但不同的是它的作法非常簡單——較不像華麗的王妃，倒比較像宮廷侍女，而它的滋味同樣棒極了。

海綿蛋糕

基本海綿蛋糕麵糊（作法參見第11頁）2份，每份各用1茶匙香草精調味

卡士達醬

全脂牛奶500毫升
香草莢1根，取香草籽
白砂糖125克
中等大小的雞蛋蛋黃120克或5顆
玉米粉40克
無鹽奶油100克，切丁

覆盆子夾心餡

高乳脂奶油500毫升
糖粉50克，篩過
高品質覆盆子果醬250克
新鮮覆盆子150克

糖霜與裝飾

傳統奶油糖霜（作法參見第14頁）1份，以½茶匙杏仁精調味
綠色與深粉紅色食用色素膏
現成的白色翻糖500克
植物油

烤箱預熱至攝氏160度（約華氏325度），將一個20公分（8吋）圓形蛋糕烤模抹油並鋪烘焙紙。在一個玻璃烤缽或直徑20公分（8吋）的不鏽鋼大碗內抹油並鋪一層薄薄的麵粉。將其中一份蛋糕麵團平鋪在備好的烤模中，烤45～50分鐘。靜置放涼，然後將蛋糕橫切成兩塊。

讓烤箱溫度降至攝氏170度（約華氏340度）。將另一份蛋糕麵糊放進大碗中烤45～50分鐘。需讓烤箱降溫是因為大碗跟烤模的傳熱方式不同，所以烘焙時間會視所用的碗而定。烤的時候最好特別留意蛋糕的狀況，以隨之調整烘焙時間。出爐後留在碗裡等到幾乎完全降溫，再倒出來放在涼架上。

製作香草卡士達醬時，先將牛奶、香草籽和50克的砂糖放進平底湯鍋加熱到微滾，然後離火靜置5～10鐘降溫。

在此同時，取一個大碗將蛋黃、玉米粉和剩餘的砂糖一起打到發白濃稠，然後慢慢加進熱牛奶，同時持續攪打。把混合物倒回湯鍋，慢火加熱到微滾，並攪拌到變稠。湯鍋離火並加進奶油攪拌。用細篩子將卡士達醬裡的結塊篩掉，以保鮮膜包好放進冰箱冷藏降溫。

準備夾心餡。將鮮奶油打到中等硬度。糖粉篩過，再拌進鮮奶油直到混勻。

現在可依照第106頁的指示組合蛋糕。

在裝飾組合好的多層夾心蛋糕時，先用少許綠色食用色素膏為杏仁奶油糖霜調色，然後替蛋糕抹薄薄一層防屑底層（方法參見第22～23頁）。放進冰箱冷藏30分鐘。

抹最後一層的奶油糖霜。別太擔心糖霜表面抹得不夠平滑，因為重點是做出圓頂的圓弧形狀，例如可在頂部或是側邊弧形的位置多堆一點糖霜。

依照第95頁的步驟製作24朵中等大小的深粉紅色玫瑰。將它們沿著蛋糕下緣放置，並放一朵在圓頂的正中央。

組合圓頂蛋糕

1 用鋸齒刀或蛋糕夾層切割器切平圓形蛋糕的頂部，再把蛋糕橫切成兩塊。將圓頂蛋糕的底部修平，以免疊放時傾斜不平。

2 用一把利刀切割圓頂蛋糕中間的部分。先在離邊緣至少2.5公分（1吋）的位置做一圈記號，然後用刀子沿著記號，片出約2.5公分（1吋）厚的一片圓形。若它裂開也別擔心，這是可以修補的。

3 拿開那片蛋糕後，用湯匙把圓頂蛋糕的中心挖空。將中空的圓頂蛋糕放進冰箱冷藏，並趁這段時間組合圓形蛋糕。

4 將圓形蛋糕的下層放在蛋糕底盤或蛋糕轉盤上。均勻抹上一層厚厚的覆盆子果醬，再均勻抹上一層冰涼濃稠的香草卡士達醬，並將一把覆盆子輕輕壓在上頭。疊放第二層蛋糕，輕輕按壓，然後同樣在上頭抹果醬、香草卡士達醬及放些覆盆子。

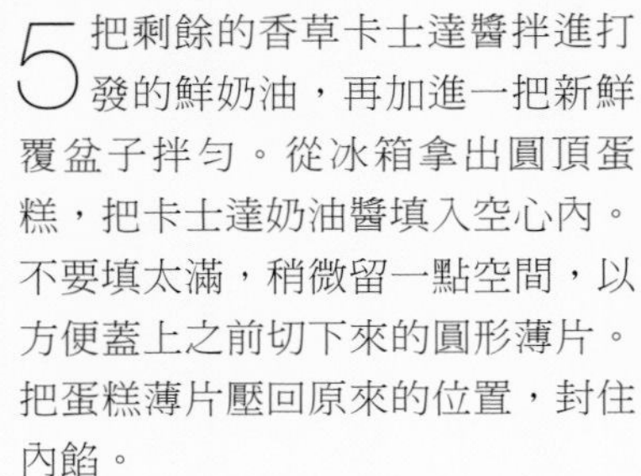

5 把剩餘的香草卡士達醬拌進打發的鮮奶油，再加進一把新鮮覆盆子拌勻。從冰箱拿出圓頂蛋糕，把卡士達奶油醬填入空心內。不要填太滿，稍微留一點空間，以方便蓋上之前切下來的圓形薄片。把蛋糕薄片壓回原來的位置，封住內餡。

6 將圓頂翻過來，底部朝下，疊在圓形雙層夾心蛋糕上，並輕輕按壓，讓它固定。

垂直層疊蛋糕

這款獨特的蛋糕是派對餐桌的絕佳焦點。絕對沒人料想得到糖霜底下的蛋糕不是上下層疊，而是左右層疊。因此你只需以意想不到的方式運用簡單的技巧，就能製作出有趣的烘焙作品。

三色海綿蛋糕

基本海綿蛋糕麵糊（作法參見第11頁）3份，依個人喜好調味
食用色素膏3種顏色

糖霜與裝飾

傳統奶油糖霜（作法參見第14頁）2份，依個人喜好調味
裝飾彩糖粒（可依個人喜好選用）多種顏色

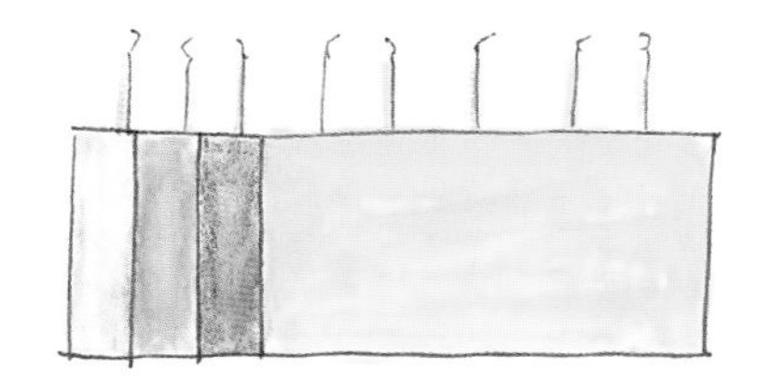

作法簡易的派對蛋糕

這款引人注目的蛋糕必須擺在一塊大板子上。準備一塊55公分長、20公分寬（22X8吋）的厚紙板或三夾板，在上面抹好一層薄薄的無毒膠水，然後用包裝紙包起來，外面再包一層透明自黏膠膜；包的時候需注意別讓氣泡留在膠膜內。

烤箱預熱至攝氏160度（約華氏325度），將3個20公分（8吋）方形蛋糕烤模抹油並鋪烘焙紙。將麵糊平均分裝成3碗，分別加進顏色差異明顯的色素膏，混合均勻。將麵糊倒進各個烤模，烤30～35分鐘。

將蛋糕頂部切平，然後用大把的鋸齒刀將每個蛋糕直切成4個正方形，這樣就有共12塊10公分見方（4吋見方）的方形蛋糕。用金屬小鏟刀在每塊的頂部抹上一層均勻的奶油糖霜。

在備好的板子中間抹少許奶油糖霜，以讓蛋糕黏牢在板子上。把厚約5公分（2吋）的第一層蛋糕直放在板子的一端，有糖霜的一面朝向板子的另一端。把第二層蛋糕未抹糖霜的那面輕輕壓進第一層蛋糕的糖霜，有糖霜的那面同樣朝向板子的另一端，然後黏第三層蛋糕。用鏟刀把蛋糕按在一起固定，並把外露的糖霜抹平。重複同樣步驟，以顏色交替的方式黏上其餘幾層蛋糕。

用金屬鏟刀為蛋糕抹一層防屑底層（方法參見第22～23頁），靜置於室溫1小時，讓糖霜變硬。

最後為蛋糕抹糖霜外層（糖霜可隨個人喜好調色），並把糖霜表面修整得均勻平滑（方法參見第23頁）。在蛋糕頂部撒些裝飾彩糖粒，也可插一排彩色蠟燭當裝飾。

纏起來！

若想掩飾抹得很糟的糖霜外層，或是為蛋糕製作不耗時間又別具風格的裝飾，這款擠花設計正適合你的需求。不妨即興創作，也可以事先設計圖形，不過最好儘量趁最先擠好的圖形變硬前趕快完成。

備好的蛋糕

20公分（8吋）圓形多層夾心蛋糕1個，抹好防屑底層及平滑的糖霜外層（作法參見第10～25頁）

裝飾

糖衣（candy melts）或巧克力150克

即興創作的裝飾

把一張蠟紙裁成長度足以圍住整圈蛋糕、寬度突出蛋糕頂部2.5～5公分（1～2吋）的尺寸。

將糖衣或巧克力置於中等大小的玻璃或陶瓷碗內，以極短的時間間歇微波幾次，並趁每次暫停時稍加攪動。你也可用隔水加熱法（將湯鍋的水煮到微滾，把碗置於湯鍋上加熱——作法參見第66頁）。

將融化的糖衣或巧克力倒進擠花袋。若感覺太燙而且太稀，可靜置到稍涼。它需具備滑順流動的稠度。在擠花袋的袋角剪一個3公釐（⅛吋）的小洞，或是用小號圓形擠花嘴。

在整張蠟紙上擠圖形。動作要快，這樣融化的糖衣或巧克力凝固的速度才不會差太多。當整個圖形擠好，檢查糖衣或巧克力是否已從濕潤轉變成稍硬但仍可彎曲的程度。你可把蠟紙小心拿起來檢查。若圖形還會流淌，那麼就需等它稍微凝固；若有斷裂，可將它放進溫熱的烤箱1分鐘，直到恢復柔軟。

當它凝固到恰到好處的程度，將蠟紙拿起，包住整圈蛋糕，並把圖形輕輕壓進蛋糕表面。可先把其中一端壓住，再小心地包過去，直到兩端相接。儘量不要壓得太用力，否則會把圖形弄糊。而且要確定放置的位置，因為一旦圖形包到蛋糕上，就不能再移動和調整。

圖形變硬的速度會因室溫的高低而有不同。若它過了15分鐘依然很軟，可將蛋糕放進冰箱冷藏30分鐘，讓它變硬。等變硬後，再將蠟紙揭開，把黏在蛋糕上的圖形展示出來。

迷你小狗蛋糕

這些可愛的小蛋糕令人難以抗拒，做起來也很有樂趣。外觀稍有不同變化，看起來會更棒，所以即便做出來的模樣不一致也別擔心，大可放手賦予每隻小狗獨特的個性。你也能運用同樣方法改做成其他動物，例如加上尖尖的耳朵和幾根鬍鬚，就成了貓咪。

海綿蛋糕

基本海綿蛋糕麵糊（作法參見第11頁）1份，用1茶匙香草精或自選的其他調味配方調味

基本糖漿（作法參見第17頁）½份，用1茶匙香草精調味

糖霜與裝飾

傳統奶油糖霜（作法參見第14頁）1份，用2茶匙香草精或依個人偏好的口味調味

淡褐色、棕色、灰色、黑色及紅色食用色素膏

現成的白色翻糖250克

糖粉，用於鋪撒

迷你小狗蛋糕

烤箱預熱至攝氏160度（約華氏325度），將一個20公分（8吋）方形蛋糕烤模抹油並鋪烘焙紙，麵糊倒進烤模烤45～50分鐘後放涼。準備9個直徑6公分（2½吋）的圓形迷你蛋糕薄紙墊，置於一旁備用。

用大把的鋸齒刀或蛋糕夾層切割器將蛋糕頂部切平。把蛋糕橫切成兩塊。用直徑6公分的圓形壓模將兩塊蛋糕切成18個圓形小蛋糕。每個圓形需靠得相當近，才能切出足夠的數量，所以切的時候要估量好位置。

用金屬小鏟刀在每個紙墊上塗少許奶油糖霜，然後各放上一塊圓形小蛋糕。在每個小蛋糕頂部刷少許糖漿，再均勻抹上一層奶油糖霜。輕輕壓上第二層小蛋糕，同樣刷少許糖漿。用金屬小鏟刀替每個迷你雙層蛋糕抹一層薄薄的奶油糖霜，然後冷藏15分鐘。

裝飾蛋糕時，先把剩餘的奶油糖霜平均分裝成三小碗，加少許食用色素膏分別調成淡褐色、灰色，以及棕色或奶油色。

把翻糖分成兩塊，一塊重125克，一塊重75克。從大塊的翻糖捏出約榛果大小的一塊，將它用保鮮膜緊緊包好。大塊的翻糖加進黑色食用色素膏揉成均勻的黑色，小塊的翻糖則加紅色色素膏揉成深粉紅色。

將3種顏色的奶油糖霜各裝入擠花袋，用小號的星形擠花嘴。先從迷你蛋糕的頂部開始，參考左圖，擠數小條糖霜做為小狗臉部的毛，再沿著蛋糕的整圈側邊擠帶有尖頭的小團糖霜。以同樣方式在其餘的迷你蛋糕上擠別種顏色的糖霜。

工作的桌面上撒些糖粉。用不沾黏擀麵棍把黑色翻糖擀成約3公釐（⅛吋）薄。用一個直徑1公分（½吋）的圓形壓模切出18個小圓片，當小狗的眼睛。把粉紅色翻糖擀薄，用同樣的餅乾模切出9個小圓片，當小狗的舌頭。把之前包起來備用的小塊白色翻糖用手心搓成一粒粒小球，按壓在每個黑色圓形的正中央。

用剩餘的黑色翻糖製作小狗的鼻子。把翻糖分成9塊，搓成球，用掌心壓扁，再稍捏成近似三角形的形狀。用小畫筆的筆頭或竹籤在三角形的底邊戳兩個洞當鼻孔。

將眼睛、鼻子和舌頭輕壓在蛋糕頂部相應的位置，讓它們稍滑進糖霜，這樣邊緣就可被糖霜狗毛蓋住。沿著眼睛邊緣及其他需要修飾的部位再多擠一點糖霜當狗毛。

數到十數字蛋糕

有不少場合需要數字形蛋糕，也許是21歲慶生會，或是「恭喜你得到全班第一名！」之類的場合。直接用數字形的烤模當然會比較省事，其實也可以用圓形和方形烤模，加上一點切割和填餡的小技巧，組合成任何數字。現在，我們就從「1」開始！

海綿蛋糕

基本海綿蛋糕麵糊（作法參見第11頁）2份，或自選的任何蛋糕配方
基本糖漿（作法參見第17頁）1份

糖霜與裝飾

傳統奶油糖霜（作法參見第14頁）1份或
義式奶油蛋白糖霜（作法參見第14頁）1份
食用色素膏數種顏色
現成的白色翻糖150克
糖粉，用於鋪撒

小祕訣：若要為數字形蛋糕製作蛋糕底盤，可依照第109頁的方法，並自行調整蛋糕底盤的尺寸。

烤箱預熱至攝氏160度（約華氏325度），將2個20公分（8吋）方形蛋糕烤模抹油並鋪烘焙紙。把麵糊平均分裝進烤模，烤45～50分鐘。靜置放涼。若想在蛋糕底盤上組合蛋糕，可先備好蛋糕底盤。

用大把的鋸齒刀或蛋糕夾層切割器將每個蛋糕的頂部切平。把2個蛋糕橫切成共4塊。依照製作多層夾心蛋糕的方法，為蛋糕刷上糖漿並抹糖霜。疊好後輕壓蛋糕頂部，將各層之間的空氣擠出來，並把溢出的夾心糖霜刮除。放進冰箱冷藏30分鐘。

從冰箱取出蛋糕，放在乾淨的桌面上。用大把的鋸齒刀直切兩刀，將蛋糕分成3個大小相同的長方形（參照第156頁的圖樣範本）。在其中一個長方形約一半的位置（標示為「C」的那塊），以45度角將蛋糕切成兩塊。

參考第156頁的擺放位置，抹少許糖霜當黏合劑，將A塊和B塊蛋糕黏成倒T形，然後將C塊（有斜角的那塊）最長的一邊黏在B塊頂端，最短的一邊跟B塊的右側邊對齊，有斜角的一邊朝左。

用金屬鏟刀為蛋糕抹一層薄薄的糖霜當防屑底層，然後靜置30分鐘讓糖霜變硬，最後再抹一層較厚的糖霜外層，同時填滿所有縫隙並儘量把糖霜表面修平，讓外表看不出接合處。

裝飾蛋糕時，先將色素膏揉進翻糖；可依個人喜好，做許多份不同顏色的翻

糖。在桌面上撒些糖粉，用不沾黏的擀麵棍將每種顏色的翻糖擀成3公釐（⅛吋）薄。用各種尺寸的星形壓模將翻糖切成不同大小和顏色的星形。

立刻將各色星星隨意散放在蛋糕上。趁翻糖還柔軟、能夠彎折時，輕輕按壓讓它們固定位置，這樣即使是貼在邊角的翻糖也能服貼地黏好。

多種顏色的星星

薯條好搭檔

你愛吃漢堡，也喜歡蛋糕？那麼何不做個漢堡蛋糕，把你的最愛結合在一起？這款多層夾心蛋糕不僅作法簡單，外觀也很有趣，保證能讓每個人一看到它，就不禁露出微笑。若這份食譜剛好沒有你最偏愛的那幾樣漢堡內餡，不妨利用翻糖和食用色素膏，自己製作乳酪片、培根或酸黃瓜造型。

漢堡包（hamburger bun）造型蛋糕

基本海綿蛋糕（作法參見第11頁）2個，以2茶匙香草精調味

漢堡餡（hamburger）造型蛋糕

巧克力軟糖蛋糕（作法參見第11頁）1個

糖霜與裝飾

傳統奶油糖霜（作法參見第14頁）或義式奶油蛋白糖霜（作法參見第14頁）1份，以2茶匙香草精調味
食用色素膏數種顏色
小粒白色裝飾彩糖粒

終極美味漢堡

將奶油糖霜平均分裝到2個中等大小的碗裡。將一碗放在一旁，另一碗則分成三等份，每份用少量食用色素膏各調成紅色、綠色和黃色。將總共4種不同顏色的奶油糖霜分別裝進4個擠花袋，並在袋角剪一個直徑5公釐（¼吋）的洞，或用中號圓形擠花嘴。

等蛋糕出爐並完全降溫後，用鋸齒刀或蛋糕夾層切割器將其中一塊海綿蛋糕以及充當漢堡肉的巧克力軟糖蛋糕的頂部切平。

把頂部切平的那塊海綿蛋糕放在蛋糕底盤或蛋糕底座上，在蛋糕頂部擠一層均勻的原色奶油糖霜，一直擠到蛋糕邊緣。

將充當漢堡肉的巧克力軟糖蛋糕疊在上面，輕輕按壓，然後擠上綠色奶油糖霜充當生菜，同樣一直擠到邊緣，再用金屬鏟刀稍微按壓，讓邊緣的糖霜呈現如生菜葉片般的波浪皺褶。擠紅色糖霜當番茄，接著隨意擠數條黃色糖霜當芥末醬。蛋糕邊緣必須能清楚看到各色糖霜，因此應讓糖霜稍微溢出巧克力軟糖蛋糕的邊緣；中央部分就算擠得不好看也沒關係，反正等另一層海綿蛋糕疊上去就看不到了。

把最後一層海綿蛋糕疊上去，圓弧形的頂部朝上。在上面撒些小粒白色裝飾彩糖粒，充當芝麻。

迷你層疊蛋糕

這些縮小版的層疊蛋糕不僅組合簡易、超級可愛，而且很適合任何特殊場合。不妨設計一套製作流程，讓組合工作更順利。

迷你海綿蛋糕

基本海綿蛋糕麵糊（參見第11頁）1份，以1茶匙香草精調味，或是你自選的任何調味配方

½份基本糖漿（作法參見第17頁），以1茶匙香草精調味

糖霜與裝飾

傳統奶油糖霜（作法參見第14頁）1份，以2茶匙香草精或依個人喜好調味

食用色素膏

現成的白色翻糖1公斤

糖粉，用於鋪撒

食用膠水

黃色迷你層疊蛋糕

烤箱預熱至攝氏160度（約華氏325度），將一個20公分（8吋）方形蛋糕烤模抹油並鋪烘焙紙。將麵糊倒入烤模，烤45～50分鐘。蛋糕放涼後，把頂部切平，再橫切成相同厚薄的兩塊。

兩塊海綿蛋糕先用直徑6公分的圓形壓模切出12個大圓，再用直徑4公分（1½吋）的圓形壓模切出12個小圓。每個圓形需靠得很近，才能切出足夠的數量，所以切的時候要估量好位置。

準備6個直徑6公分（2½吋）的圓形迷你蛋糕薄紙墊，用來放置迷你層疊蛋糕。用一把金屬小鏟刀將少許奶油糖霜塗在紙墊上，然後把較大的圓形蛋糕輕輕壓在各個紙墊上。

在這些第一層蛋糕的頂部抹少許糖漿，再均勻抹一層奶油糖霜，然後疊上第二層較大的圓形蛋糕。

取一個較小的圓形蛋糕，抹上奶油糖霜，用另一個較小的圓形蛋糕夾起來。其餘的小圓蛋糕也重複同樣的步驟做。現在你手邊共有6個大圓和6個小圓雙層夾心蛋糕。為每個雙層蛋糕抹一層薄薄的奶油糖霜，然後放進冰箱冷藏15分鐘。

取少量食用色素膏，揉進翻糖。捏出一塊調好色的翻糖先用，其餘則用保鮮膜緊緊包好。

在工作的桌面上撒些糖粉，用不沾黏擀麵棍將翻糖擀成約3公釐（⅛吋）薄，切出一塊足夠包覆一個較大圓形雙層蛋糕的尺寸。以這片翻糖皮蓋住蛋糕，

用手撫平側邊，再用翻糖平整器抹平翻糖皮表面，並讓它黏牢。用利刀把蛋糕下緣多餘的翻糖皮切掉。重覆相同步驟，將所有較大和較小的圓形雙層蛋糕都用翻糖皮包好。因為它們很小，可能不太容易，因此需先經過冷藏，不過抹平翻糖皮表面時，動作儘量輕柔也會有幫助。

在組合蛋糕時，在較大的圓形蛋糕頂部抹一點奶油糖霜，或是刷點水在翻糖皮上，然後疊上較小的圓形蛋糕。

依照第95頁的指示製作6小朵玫瑰。在每個迷你層疊蛋糕的頂部塗少許食用膠水，黏上玫瑰。

準備長約2.3公尺（2½碼）寬的細緞帶裝飾蛋糕。剪6條用來裝飾下層蛋糕的下緣，再剪6條用來裝飾上層蛋糕的下緣。用緞帶圍住上層和下層蛋糕，再用一點食用膠水把緞帶接好並固定。

皺褶蛋糕

這款令人眼睛一亮的皺褶蛋糕，正是運用簡單技巧創造驚豔效果的絕佳範例。它可做成柔美的全白色，當做婚禮蛋糕，也可以集合各種鮮豔亮麗的顏色，用於慶祝派對。無論做成哪一種，它都肯定能吸引眾人的目光。

備好的蛋糕

20公分（8吋）圓形多層夾心蛋糕1個，抹好防屑底層並包覆平滑的翻糖皮（作法參見第10～25頁）

皺褶裝飾

現成的白色翻糖400克
白色翻糖膏400克
食用色素膏數種顏色
糖粉，用於鋪撒
食用膠水或基本糖漿（作法參見第17頁）少許

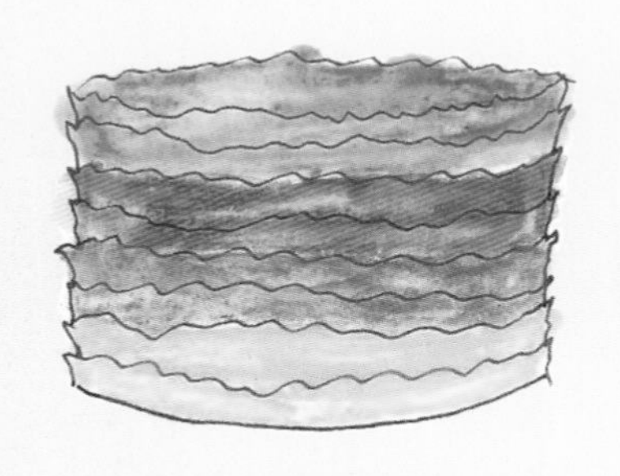

多彩翻糖膏皺褶裝飾

製作這款蛋糕需用到壓褶棍；它可將翻糖做成皺褶花樣。這個工具價格不高，而且能幫助你製作出漂亮別緻的皺褶。

製作皺褶的過程中需要擀不少翻糖。若是有製麵條機，我會大力建議你用它來製作薄又平滑的長條翻糖（記得先在翻糖上撒些糖粉）。若是沒有製麵條機，那麼最好有點心理準備，你將會花不少氣力和時間擀翻糖！

將翻糖跟翻糖膏揉在一起，直到混合物滑順而有延展性。依照你選定的顏色數量，將混合物分成數份，各加進不同顏色的色素膏揉至混合均勻，然後用保鮮膜將每一份緊緊包好備用。

先想好蛋糕側邊最上緣要用哪種顏色的皺褶花邊，然後從那個顏色的翻糖塊捏出約檸檬大小的一塊，剩下的則緊緊包好備用。

依照第123頁的步驟製作皺褶，並將它們黏在蛋糕上。若是在用翻糖皺褶裝飾蛋糕或是快裝飾完時，發現皺褶滑下來，可在皺褶背後再抹點食用膠水或糖漿，把它輕按在蛋糕上1～2秒鐘；你也可用竹籤插住特別容易滑落的那幾段皺褶，等膠水或糖漿變乾，但之後別忘了抽掉竹籤。讓皺褶靜置一夜，讓它們變乾定形。

製作及黏貼皺褶

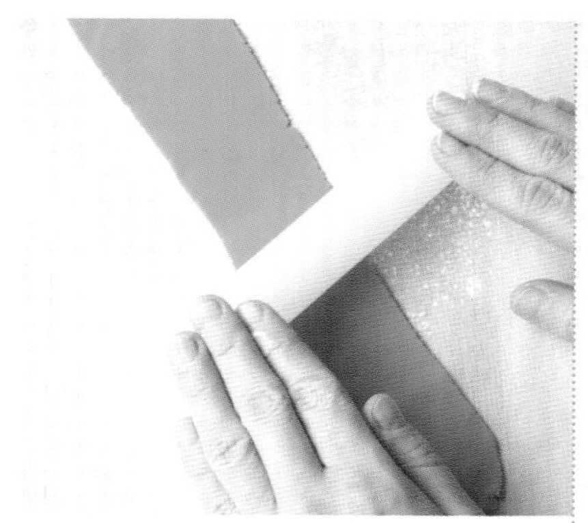

1 撒點糖粉，用製麵條機或手擀，將翻糖擀成3公釐（1/8吋）薄、3公分（1 1/4吋）寬的長條，長度至少15公分（6吋）。

2 用一把利刀將長條翻糖的邊緣修整齊。

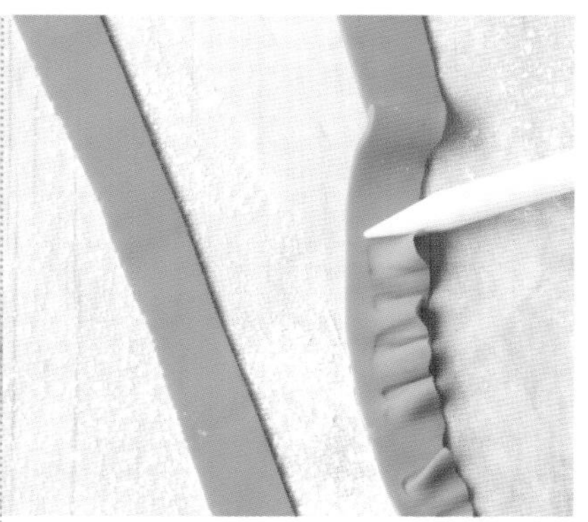

3 用壓褶棍沿著長條翻糖的邊緣來回滾動。這樣會讓翻糖邊緣變薄起皺，形成波浪狀皺褶。

4 將蛋糕放在蛋糕底座、蛋糕底盤或轉盤上。把長條翻糖翻到背面，沿著沒有皺褶的那一邊刷少許食用膠水。

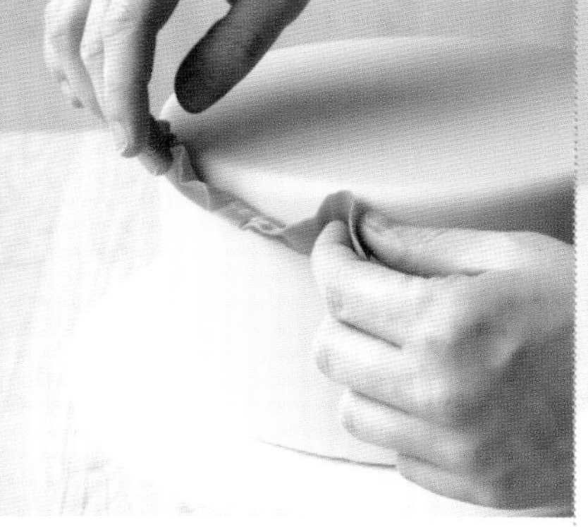

5 將翻糖沒有皺褶的那一邊朝下，沿著蛋糕側邊最上緣黏貼並輕輕按壓，讓刷有食用膠水的那面黏在蛋糕上。稍微撥整皺褶，讓它的荷葉邊更明顯。

6 以同樣方式製作下一條翻糖，然後緊接著前一條的末端黏貼。繼續以這種皺褶相接的方式，從蛋糕側邊上緣往下一行一行黏貼；後一行跟前一行約有1公分（1/2吋）的相疊，以免底下的蛋糕翻糖皮從兩行之間的縫隙露出。

繁花原野

這款令人驚豔的蛋糕具有明顯的女性化風格，並展示出不同花形的混搭及用糖花鋪滿整個蛋糕的絕佳效果。製作花朵可能需要幾乎一整天的時間。你可利用手邊現有的任何花形壓模，選用自己偏愛的顏色。

備好的蛋糕

20公分（8吋）方形多層夾心蛋糕1個，抹好防屑底層並包覆平滑的翻糖皮（作法參見第10～25頁）

花朵裝飾

現成的白色翻糖500克
白色翻糖膏500克
食用色素膏3種顏色
糖粉
可食用的色粉
蛋白糖霜（作法參見第16頁）½份

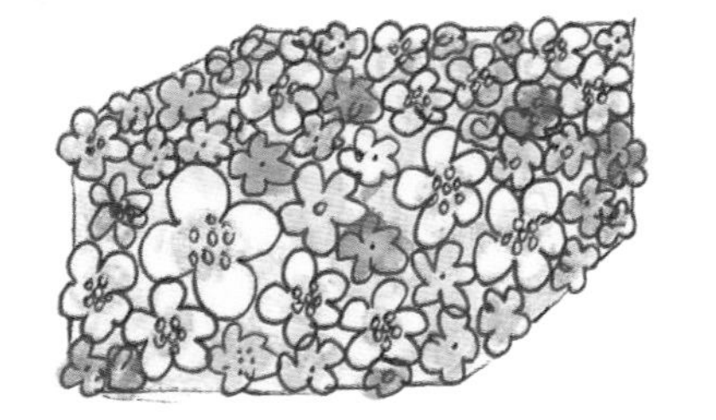

鋪滿花朵的方形蛋糕

預先做好花朵裝飾。雖然為了製作這款蛋糕的花飾必須特別購置一些用具，不過這個投資很值得。以後你就可仿照此款蛋糕的作法，重複運用這些工具，製作融合不同變化和個人巧思的類似蛋糕，或製作其他的蛋糕裝飾。

準備幾個花形壓模。你可選用自己喜愛的形狀和大小——混搭各種樣式能呈現出絕佳效果。你還需要一塊糖花塑形海綿墊及一根球形的翻糖整形工具棒，用來把翻糖塑成花瓣形狀，以及將翻糖滾得極薄而不會弄破。如此便能做出極輕薄的花瓣邊緣，使花朵看起來非常細緻美觀。你也需準備糖花定形模，用來把切割好的翻糖花放在裡面風乾，使其形成自然的弧形，而不會呈現死板的扁平狀。湯匙和雞蛋盒都可充當定形模——你可把切好的翻糖花晾在湯匙凹弧的內面，或是在雞蛋盒的圓形凹洞內鋪保鮮膜，把翻糖花放在裡面風乾。

這些用具都準備好後，將翻糖和翻糖膏揉在一起，直到滑順有延展性。把它分成3份，各揉進不同顏色的少量食用色素膏。從每個顏色的翻糖混合物中各捏出約檸檬大小的一塊，然後將剩餘的用保鮮膜緊緊包好備用。在你工作的桌面上撒些糖粉。

依照第127頁的步驟1～3切割並塑造花形。其餘翻糖也比照同樣步驟，直到全部做成3種顏色的花朵。若做到一半發現定形模不夠用，可試著把做好的第一批花朵從模子內取出；通常等你做到最後幾批時，第一批花朵應該也差不多乾到已經定形。

讓花朵風乾至少幾小時，直到它們硬到移動時仍能保持形狀，不會塌掉走樣。

這時候，你可在一朵較小的花朵背後塗一點食用膠水或水，黏在另一朵較大花朵的正中央，以這種方式做幾朵重瓣的花朵。

用食物專用的小畫筆沾少許食用色粉，輕輕刷在幾朵花的花心部位以及另外幾朵花的花瓣尖。將多餘的色粉刷掉。這個染色步驟能讓花朵有層次感，也能增添變化與特色。

現在可用花朵裝飾蛋糕了。先將蛋白糖霜裝進擠花袋，並在袋角剪一個約3公釐（⅛吋）的洞，或用小號圓形擠花嘴。依照第127頁的步驟A和B將花朵黏在蛋糕上。

製作與黏貼花朵裝飾

1 用不沾黏擀棍將翻糖擀成3公釐（1/8吋）薄，再用壓模切成各種花朵形狀。

2 將花形放在海綿墊上，用翻糖球型整形工具棒沿著花瓣邊緣將花瓣邊緣滾薄。

3 將花朵放在預備好的定形模內，讓它風乾成弧形。

A 從蛋糕頂部開始裝飾。在花朵背面擠一小團蛋白糖霜，黏在包覆翻糖皮的蛋糕上。先黏一朵，周圍再黏其他花朵，由此漸次擴大範圍，這樣做起來會較順手。黏的時候儘量讓不同花朵的花瓣稍微交疊，遮掩底下的蛋糕翻糖皮，以免露出太多空隙。

B 等蛋糕頂部裝飾完畢，再以同樣方式將花朵黏在蛋糕側邊。跟裝飾頂部不同的是，你可能得把花朵按久一點，等它們黏牢，因為地心引力會使它們往下滑。先裝飾蛋糕頂部再輪到側邊的好處是，若是黏到一半發現花朵不夠，便可調整分布的密度，讓花朵愈往蛋糕下緣愈稀疏。在部分花朵的中央點幾點蛋白糖霜當成花蕊。然後靜置到蛋白糖霜變硬定形。

純金尊寵

「全然極致的華貴尊寵」正可概括形容這款蛋糕！它鋪滿金箔的外層，體現了極致的奢華；裝飾雖然毫不繁複，卻能讓蛋糕成為高雅絕美的視覺焦點。金箔並不便宜，但對這款適用於極特殊場合、肯定令人驚豔的作品來說，這錢花得很值得。不過須確認你所使用的是未摻其他合金的食用級純金轉印金箔，或也可改用食用級的轉印銀箔。

備好的蛋糕

20公分（8吋）圓形多層夾心蛋糕1個，抹好防肩底層並包覆平滑的翻糖皮（作法參見第10～25頁）

金箔裝飾

可食用的純金金箔（3X7.5公分／3吋見方）10～12張
伏特加或水

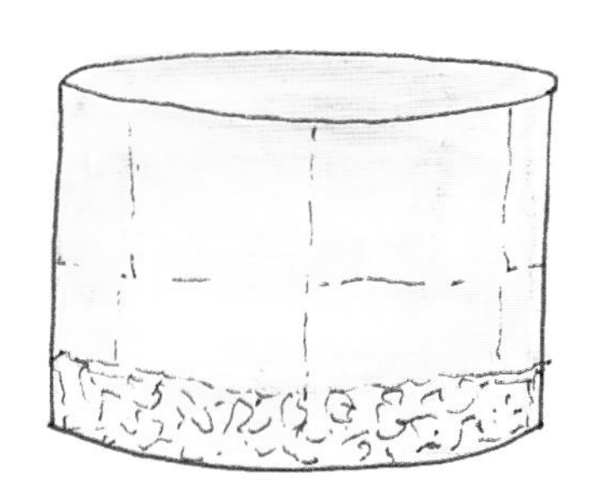

金箔歡慶蛋糕

先確認包覆翻糖皮的蛋糕已靜置足夠時間使其定形，且表面摸起來不會軟軟的。用一支食物專用的大畫筆，沾點伏特加或水，把蛋糕側邊面積相當一張金箔的一小塊刷濕。伏特加揮發得較快，所以刷上後表面不會過於濕黏，但是若用的是水，便需留意用量不要太多。刷伏特加或水的目的是要讓表面均勻地微濕，使翻糖變黏，而非濕透。靜置1～2分鐘，然後用廚房紙巾把多餘的黏稠液體輕輕擦掉。

將仍貼在背紙上的金箔堅定但輕柔地按在蛋糕刷濕的部位並撫平，把背紙揭掉，再進行下一塊。重複相同步驟覆蓋整個蛋糕，並讓各片金箔的邊緣稍微交疊，直到蛋糕側邊和頂部全蓋滿金箔。一旦把背紙揭掉，就不要再碰觸金箔，因為它可能會因尚未變乾定形而裂開。

黏好後，最好靜置一夜，讓金箔變乾。等全乾後，用一把絨毛大毛刷（最好是全新、乾淨的腮紅刷）非常輕柔地將多餘的金箔慢慢磨掉，特別是在金箔邊緣交疊的部位，以及蛋糕頂部邊緣和側邊下緣，因為多餘的金箔大多會在相接處。

刷繡蕾絲

利用刷繡這項多年來用於婚禮蛋糕裝飾的傳統技巧，並發揮巧思搭配不同色彩，便能賦予蛋糕高雅時髦的氣息，或者也可沿用象牙白和粉彩色調，做成別緻的婚禮蛋糕。製作刷繡需要稍加練習，不過即使一不小心擠壞也沒關係，因為它可掩飾歪斜不穩的線條，而且過程中還可擠糖霜蓋掉瑕疵。

備好的蛋糕

20公分（8吋）圓形多層夾心蛋糕1個，抹好防屑底層並包覆平滑的淡紫色翻糖皮（作法參見第10～25頁）

蕾絲裝飾

黃色食用色素膏
蛋白糖霜（作法參見第16頁）½份
伏特加或水

淡紫色翻糖皮上的黃色蕾絲花朵裝飾

將少量黃色食用色素膏加進蛋白糖霜混合均勻，並逐次少量添加，直到它呈現你想要的色調。加1～2滴水，讓糖霜具有能拉出柔軟尖角的中等稠度。把糖霜裝進擠花袋，並在袋角剪一個直徑1～3公釐（1/16到1/8吋）的小洞，或用極小的圓形擠花嘴。

你可利用第157頁的蕾絲圖案範本來裝飾這款蛋糕，若覺得蛋糕上的空白處還是太多，也可自行添加一些葉子或花朵，或自己設計圖樣，依照此處敘述的方法描圖並壓印。

將第157頁的蕾絲範本影印放大，用鉛筆描在一張烘焙紙上。

依照第133頁的步驟，開始運用刷繡技巧裝飾蛋糕。重複這些步驟擠葉子和花朵。別急著一次擠一條以上的輪廓線，因為蛋白糖霜會開始變乾，這樣就無法順利拖拉開。

刷繡技巧

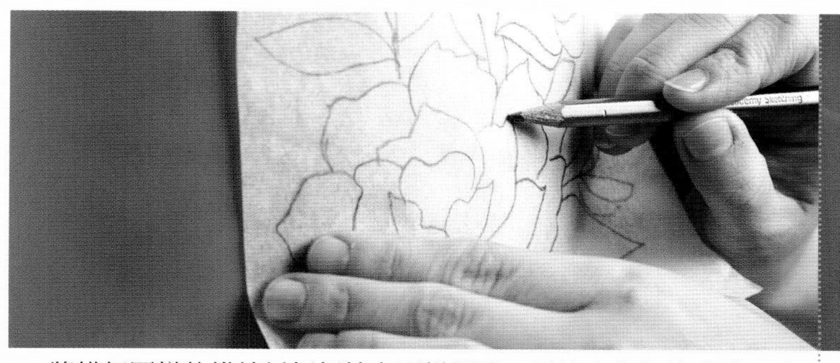

1 將描好圖樣的烘焙紙輕輕按在蛋糕側邊，用較尖的鉛筆重描，讓印子淺淺地留在翻糖皮表面。不要按得太用力，否則翻糖皮會留下指印，紙張也會被鉛筆刺穿。擠花時若擠錯或擠壞，都有機會修正。你也可隨處加片葉子或花朵。（若對自己的技巧有信心，當然也可以用竹籤或烤肉籤在翻糖皮上即興創作圖案。）在蛋糕側邊和頂部重複同樣的描圖方式，直到整個蛋糕平均交錯散布相同圖形。

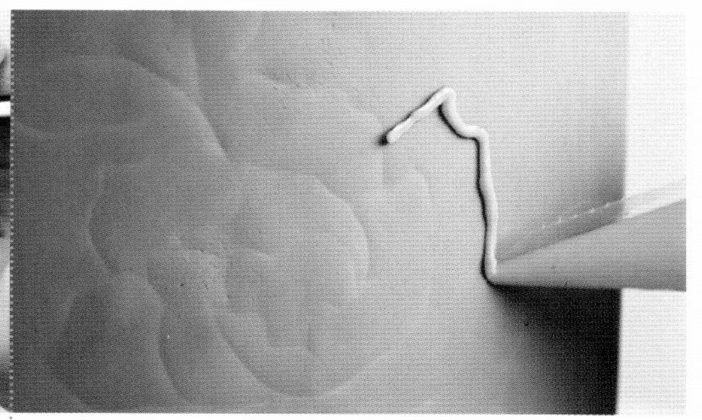

2 在蛋糕上擠花前，不妨在描好圖案的烘焙紙上練習刷繡技巧。先從花朵開始著手，沿著花朵最外層的其中一片花瓣邊緣擠一條輪廓線。

3 將畫筆浸在伏特加或水裡，再把多餘的酒液或水擠掉。趁蛋白糖霜線條仍濕潤時，用畫筆筆尖小心地將糖霜朝花瓣內部拖拉成條狀，充填花瓣內部。

4 擠另一片最外層花瓣的輪廓線，並以同樣方式朝內拖拉。依序擠花朵最外層花瓣的輪廓線並填好花瓣內部，然後往內移、製作第二層花瓣，最後才輪到花朵中央的花瓣。

鏤空圖雕蛋糕

若想讓蛋糕呈現簡約的現代風格，鏤空設計便相當合適。此款蛋糕的簡單圖案讓你練習這個裝飾技巧，等你熟練後，不妨自己設計圖案試做。須注意的是，太精細的鏤空圖形會很難裁切挖空，又容易弄破翻糖，所以自行設計圖案時，最好以大而簡單的為主。

備好的蛋糕

20公分（8吋）圓形多層夾心蛋糕1個，抹好防屑底層並包覆平滑的翻糖皮（作法參見第10～25頁）

鏤空裝飾

現成的白色翻糖400克
白色翻糖膏400克
食用色素膏
糖粉，用於鋪撒
植物油
伏特加或水

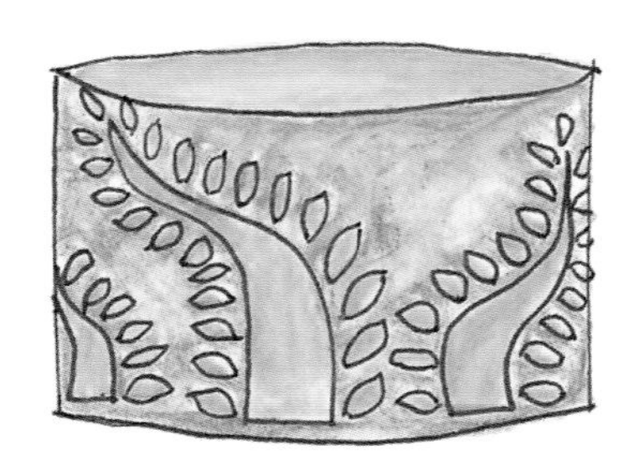

包在綠色翻糖皮外的藍色鏤空設計

量出蛋糕的高度和圓周，依此將2張烘焙紙裁成同樣尺寸的長條形，長度要能剛好圈住整圈蛋糕，寬度則與蛋糕高度相同。依照第157頁的範本，用鉛筆將圖案描到其中一張烘焙紙上。

將翻糖和翻糖膏揉在一起，直到混合物滑順有延展性。揉進少量食用色素膏，調成你想要的色調。

在工作的桌面上撒些糖粉，用大的不沾擀麵棍將翻糖擀成約3公釐（⅛吋）薄，這樣它就會大到足以鋪滿長條烘焙紙。在空白的那張烘焙紙上刷點油，將翻糖放上去，用雙手撫平，然後將翻糖割成跟烘焙紙相同大小。

將描有圖案的那張烘焙紙放在翻糖上，邊緣對齊。用鉛筆輕輕重描，把圖案刻印在翻糖上，當成鏤空切割的依據。

將圖案烘焙紙揭掉，然後用一把乾淨的柳葉刀，依照印痕將需鏤空的部分割掉。手腳要快，以免翻糖變得太乾，這也是我之所以建議剛開始最好從簡單的圖案設計做起的原因。

用一支食物專用的小畫筆，在鏤空的翻糖上刷少許伏特加或水，將翻糖連同底下的烘焙紙一起捧起來，輕輕按壓在蛋糕側邊。從翻糖的一端開始，慢慢包住整圈蛋糕側邊，直到兩端相接，而這個接合處就當成蛋糕的背面。

等翻糖黏牢後，開始動手揭掉烘焙紙。若有必要，可用手扶著翻糖，以免它移位。然後用雙手撫平翻糖，以確保它整片都黏牢在蛋糕上。如果你把翻糖黏歪了，其實不太可能再更動位置，所以黏的時候一定要看好位置，而且一開始就把所有尺寸量對。

接合處若有多出來的翻糖，將它修掉。如果翻糖突出蛋糕頂部，可沿著蛋糕頂部邊緣用柳葉刀小心地把多出來的部分修掉。

瑪麗皇后蛋糕

法國皇后瑪麗安托奈肯定會滿意這款精緻高雅的蛋糕。玫瑰色和藍綠色的垂掛花飾、玫瑰和珍珠，讓蛋糕散發典雅的魅力和些許頹廢唯美的風情。

備好的蛋糕

20公分（8吋）圓形多層夾心蛋糕1個，抹好防屑底層並包覆平滑的翻糖皮（作法參見第10～25頁）

垂掛花飾、玫瑰和珍珠裝飾

250克白色翻糖膏
基本糖漿（作法參見第17頁）或食用膠水少量
現成的象牙色翻糖250克
食用色素膏數種顏色
可食用的珍珠亮粉

包覆翻糖皮並加上翻糖膏垂掛花飾的蛋糕

先製作垂掛花飾。量出蛋糕的圓周，再除以5，算出每個花飾相隔的距離。用刀尖在蛋糕上劃個小記號，標示每段間隔。

取一小塊翻糖膏——可依你的需要以色素膏調色——擀成3公釐（⅛吋）薄的長方形，再用利刀修成一塊約15公分長、8公分寬（6×3¼吋）的長方形。把長方形長的兩邊往中間收攏，做出寬鬆的摺子，再把兩端捏在一起。在整片背面及兩端刷少許食用膠水，然後將這條垂掛裝飾的兩端各按壓在之前劃好的兩個記號上，讓兩端之間的部分自然垂掛。兩端黏牢後，再輕輕按壓中間的部分。如果它開始滑落，可輕輕地壓久一點，或再上一點膠水。剩餘的翻糖膏也依照相同步驟做成另外4條垂掛裝飾，並黏在蛋糕上。

製作垂掛裝飾上的花飾時，先用食用色素為翻糖染色。取其中一塊擀成3公釐（⅛吋）薄，用直徑3公分（1¼吋）的圓形壓模切出5個圓形，再用直徑2公分（¾吋）的圓形壓模另外切出5個圓形。用壓褶棍把每個圓形的邊緣滾薄並做出波浪皺褶（作法參見第123頁）。在較大的圓形薄片背面中央刷少許食用膠水或糖漿，靠近邊緣的部分則不要刷到膠水。將它黏在兩條垂掛裝飾相交的位置，然後以同樣方式把較小的圓形薄片黏在較大的薄片中央，並用手指撥整一下邊緣，讓波浪皺褶更明顯。重複同樣步驟製作其他4朵花飾，一次做一朵，並將它們黏在蛋糕上各個垂掛裝飾的交接處。

依照第96頁的指示用翻糖製作大小一致的珍珠，並滾上珍珠亮粉。另外再做25顆小珍珠，在每朵波浪皺褶花飾的正中黏5顆當花蕊。

在蛋糕下緣黏2～3行珍珠。先在蛋糕下緣刷少許食用膠水，從最下方開始黏一行珍珠，黏滿整圈後，再往上黏第二行。

蛋白糖球蛋糕

這些尖尖的蛋白小糖球布滿整個蛋糕，讓蛋糕呈現美妙的立體感和色彩，看起來棒極了。蛋白糖球酥脆可口，若是你在裝飾蛋糕時忍不住偷吃好幾個，也是情有可原！

備好的蛋糕

20公分（8吋）圓形多層夾心蛋糕1個，抹好防屑底層及平滑的糖霜外層（作法參見第10～25頁）

蛋白糖球裝飾

滅菌蛋白300克或9顆蛋的蛋白
白砂糖300克
糖粉300克，篩過
冷凍乾燥草莓粉3湯匙
冷凍乾燥黑莓粉3湯匙
粉紅和紫色食用色素膏

糖霜

傳統奶油糖霜（作法參見第14頁）¼份

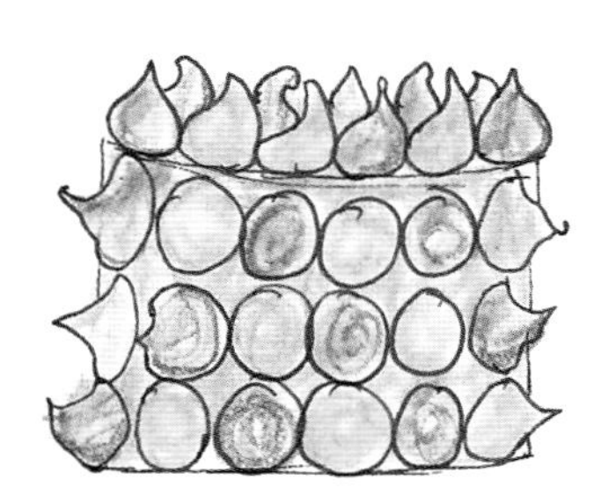

莓果口味蛋白糖球

製作蛋白糖球時，先將烤箱預熱到攝氏100度（約華氏215度）。

將蛋白放入電動攪拌機的大攪拌碗內，以低速打到發泡，再調到高速，打到中等硬度後，改成中速並開始一湯匙一湯匙地加進白砂糖。等混合物打到變硬滑亮，再加進糖粉輕輕切拌到混合均勻。

把蛋白混合物平均分裝成兩大碗，分別拌進草莓粉和黑莓粉，以及顏色相符的食用色素膏，直到它們各呈現帶有條紋的兩種顏色。

烤盤鋪好烘焙紙。用湯匙將兩碗蛋白混合物各舀進2個擠花袋，在袋角剪一個約2公分（¾吋）的大洞，或是用大號圓形擠花嘴。在鋪烘焙紙的烤盤上擠一團團直徑約5公分（2吋）的蛋白混合物。

烤2小時，然後關掉烤箱電源，將蛋白糖球留在烤箱內，讓烤箱門半開，直到糖球變涼。

裝飾蛋糕時，先用湯匙將奶油糖霜舀進擠花袋，並在袋角剪一個約1.5公分（⅝吋）的洞，或是用大號圓形擠花嘴。在一顆蛋白糖球背面擠一小團奶油糖霜，然後黏貼在蛋糕側邊下緣，接著以同樣方式在它旁邊黏貼第二顆。重複相同步驟，沿著下緣整圈貼一行糖球，然後在第一行的上方貼第二行。繼續以這種方式在蛋糕側邊貼滿蛋白糖球，接著在蛋糕頂部黏貼糖球，直到整個蛋糕裝飾完畢。靜置30分鐘讓奶油糖霜變乾。

裸露蛋糕

將看起來美味可口、未加裝飾的2個多層夾心蛋糕疊在一起，就是一個流露素雅魅力的餐桌焦點。防屑底層有助於保持蛋糕的濕潤，因為完全沒有外層裝飾的蛋糕在展示時會乾得很快。這款蛋糕的上下兩層須個別製作，內部則插入支撐棒，等到了現場再直接在蛋糕轉盤將上下2個多層夾心蛋糕組合起來，以免碎裂崩塌。

備好的蛋糕

20公分（8吋）圓形蛋糕2個，各橫切成兩塊，抹好夾心餡並疊成一個四層夾心蛋糕（作法參見第10～25頁）
15公分（6吋）圓形蛋糕2個，各橫切成2塊，抹好夾心餡並疊成一個四層夾心蛋糕（步驟參見第10～25頁）

糖霜與裝飾

傳統奶油糖霜（作法參見第14頁）或義式奶油蛋白糖霜（作法參見第14頁）1份
鮮花和／或莓果（鮮花須不含有毒物質且未施用殺蟲劑）

雙層大蛋糕

雙層或三層以上的大蛋糕需插支撐棒以加強穩定度，同時防止上層的重量壓塌下層。支撐棒有助於把蛋糕的重量分散到支撐棒及堅硬的蛋糕底盤。這款蛋糕需要5根標準型塑膠支撐棒；你可在較好的烘焙用品店買到。

將備好的2個多層夾心蛋糕各放在大小相符的蛋糕底盤上；墊子上抹少許奶油糖霜，讓蛋糕固定位置。接下來像抹防屑底層般（作法參見第22～23頁）為2個蛋糕抹一層薄薄的奶油糖霜，再將多餘的糖霜刮掉，讓底下的蛋糕在不同部位裸露出來——裸露蛋糕的名稱正是由此而來。

由於這款蛋糕只有上下兩層，所以你只需要在下層那個20公分（8吋）多層夾心蛋糕插支撐棒。取一個乾淨的15公分（6吋）蛋糕烤模，放在下層蛋糕的頂部中央，用刀尖沿著蛋糕烤模的邊緣輕輕劃出一個圓形。這是為了讓你知道上層的蛋糕有多大，並標示出它放置的位置。

在蛋糕頂部標出插入支撐棒的位置；其位置在劃出的圓形內、離圓周線約3.5公分（1⅜吋）處，而且每根棒子的間隔均等。依照你標好的記號，將支撐棒垂直插進蛋糕，直到它們碰到蛋糕底盤，與蛋糕頂部齊平處則以鉛筆畫上記號，這樣就可依照記號裁切支撐棒，到時候再把它們插回蛋糕時，便會跟蛋糕頂部齊平。

小心地抽出支撐棒，將它們並排，從你畫的所有記號估出一個折衷點，做為切割的基準。把支撐棒壓住，用鋸齒刀將它們切成同樣長度。所有支撐棒的

長度一定要相同，這樣蛋糕才疊得穩。若有必要，可用砂紙把末端打磨平滑，但記得磨好後要把支撐棒洗乾淨。把支撐棒插回蛋糕，這樣就可隨時疊放上層蛋糕。

在準備展示蛋糕的現場擺好蛋糕轉盤後，就可開始組合蛋糕。裸露蛋糕比包覆翻糖皮的蛋糕脆弱易裂，所以一旦疊好，最好就不要再搬動。將下層蛋糕放在蛋糕轉盤上，用金屬鏟刀在蛋糕頂部的中央抹少許奶油糖霜，以稍微黏合上下兩層蛋糕，讓大蛋糕比較穩固。把上層蛋糕拿到下層蛋糕上方，看好之前劃在下層蛋糕頂部的圓形記號，用金屬鏟刀撐著蛋糕底部，小心地往下放，以確保它會位在正中央的正確位置。

最後，在兩層之間隨意散置鮮花及（或）莓果。若有必要，可用少許奶油糖霜讓一些裝飾固定在你想要的位置。切記莓果不能是剛洗好的；它們的表面必須全乾。

山形紋蛋糕

這款以鮮明幾何圖形為主的設計，對看多了柔美花俏蛋糕裝飾的人來說，不啻是最佳的抒解。它是將翻糖組合成嵌板，黏在蛋糕的每一面，所以只要趁製作第一面裝飾時掌握要領，接下來要裝飾剩下的三面就輕而易舉了。

備好的蛋糕

20公分（8吋）方形多層夾心蛋糕1個，抹好防屑底層並包覆平滑的翻糖皮（作法參見第10～25頁）

山形裝飾

現成的白色翻糖300克
白色翻糖膏300克
食用色素膏3種顏色
糖粉，用於鋪撒
伏特加或水

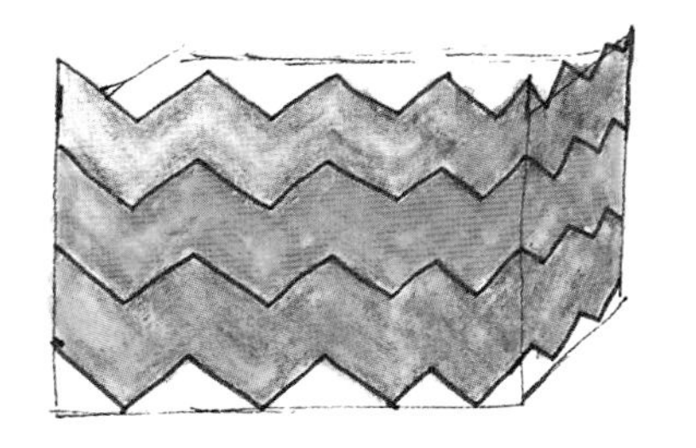

彩色翻糖山形圖案裝飾

量出蛋糕其中一邊的面積，將一張烘焙紙裁成同樣大小。

把翻糖和翻糖膏揉在一起，直到滑順有延展性。將混合物分成三等份，各揉進不同顏色的食用色素膏。

將每一種顏色的混合物分成四等份，每種顏色都留下一份先用，其餘則用保鮮膜緊緊包好。

在工作的桌面上撒些糖粉，用大的不沾擀麵棍將這三小份染成不同顏色的翻糖擀成3公釐（⅛吋）薄，並把邊緣修整齊，做成3條長方形翻糖，其寬度為9公分（3½吋），長度則等同於蛋糕的一個邊及裁好的那張烘焙紙（應約21公分或8¼吋）。

現在可開始製作蛋糕其中一面的山形嵌板裝飾。先備好一個4公分（1½吋）方形壓模，然後依照第145頁的指示將3條長方形翻糖切成鋸齒形。

裝飾蛋糕的其中一面時，先在山形翻糖嵌板上刷少許伏特加或水。

將山形翻糖嵌板連同烘焙紙一起拿起來，把嵌板壓在蛋糕的其中一面，讓它黏著固定。

其餘幾份染好色的翻糖也比照同樣的擀、切和裝飾步驟處理。

製作山形翻糖嵌板

1 將方形壓模轉個方向，讓尖角面對你。把一條翻糖橫放，把壓模的兩個對角跟翻糖其中一個長邊的邊線對齊後，切出一個三角形。沿著長邊並排著切出一個個三角形，讓邊緣呈鋸齒狀。再以同樣方式裁切其餘兩條翻糖的其中一邊。

2 以同樣方式切每條翻糖的另一邊；壓模的位置須隨之側移，讓壓模的尖角跟上方每個鋸齒的尖峰對齊，這樣就能切出山形圖案。讓它們靜置30分鐘定形。

3 烘焙紙稍抹點油，然後小心地把第一條山形翻糖拿起來放在烘焙紙上，再將第二條翻糖凸出的尖峰塞進第一條凹進的尖角，第三條也以同樣方式嵌進第二條。你在烘焙紙上擺放翻糖的方式，就會是蛋糕側邊看起來的模樣。所以別心急，慢慢來，把翻糖的位置擺對。

巧克力寵溺

濃郁的黑巧克力在蛋糕上如波浪般起伏，搭配撒上金粉的巧克力玫瑰，不僅凸顯它的誘人魅力，閃爍的點點金光也加強了黑巧克力的色調與質感。這款令人讚嘆的蛋糕正是巧克力迷們的最愛！而它自然且不拘形式的造型，也讓較沒有耐心做蛋糕裝飾的人有自由發揮和犯錯的空間。

備好的蛋糕

20公分（8吋）圓形多層夾心蛋糕1個，抹好防屑底層及平滑的甘納許外層（作法參見第10～25頁）

巧克力裝飾

黑巧克力碎片（可可脂含量至少53%）725克，若用巧克力磚須切細
葡萄糖漿500毫升
糖粉，用於鋪撒
可食用的金色亮粉

波浪狀巧克力加金粉玫瑰裝飾

預先製作塑形巧克力。取625克巧克力，放進耐熱玻璃或陶瓷碗，以極短的微波時間間歇加熱幾次，直到巧克力剛融化（或用隔水加熱法，參見第66頁）就好。將葡萄糖漿放進另一只碗，加熱到跟巧克力的溫度相近。把糖漿倒入融化的巧克力中，攪拌到完全混合均勻後靜置放涼。

等到混合物完全降溫後，將它倒在一大片保鮮膜上，緊緊包好，靜置於室溫一夜。

等你要動手製作扇形和玫瑰裝飾時，再把塑形巧克力從保鮮膜刮下來，揉到滑順有延展性。剛開始可能會覺得不太好揉，所以不妨將它切成較小塊再揉，或是以極短的微波時間間歇加熱幾次再繼續揉。

從塑形巧克力團切下相當於檸檬大小的一塊，在工作的桌面上撒些糖粉，用不沾黏擀麵棍把巧克力擀成3公釐（⅛吋）薄，再用一把利刀將它切成幾片長約20公分、寬約10公分（8X4吋）的長方形。

把一片長方形的長邊往中間收攏，做出褶子，然後把其中一端捏在一起，做成扇子形。把扇子上端的部分稍微拉開，讓它更寬，扇子的形狀也更明顯。其餘幾片長方形塑形巧克力也照同樣方式做成扇形。

依照第95頁的指示，用剩餘的塑形巧克力製作玫瑰。

當你快進行到裝飾蛋糕的階段時，把蛋糕放進冰箱冷藏30分鐘，這樣稍後將能加快裝飾物黏牢固定所需的時間。

等你準備動手裝飾蛋糕，先將剩餘的黑巧克力碎片放進耐熱玻璃或陶瓷碗，以極短的微波時間間歇加熱幾次（或用隔水加熱法，參見第66頁）。放涼到它變濃稠但依然柔滑。把融化的巧克力裝進擠花袋，在袋角剪一個3公釐的洞，或用圓形擠花嘴。

用一支中等大小的畫筆（食物專用），為扇子和玫瑰刷上一層金粉，再把多餘的金粉輕輕刷掉。

在一片扇子背面擠少量融化的巧克力，將它黏在蛋糕上；你可能需要把它按久一點，直到融化的巧克力變硬定形。以同樣方式黏貼其餘扇子。黏好後，再用融化的巧克力黏玫瑰，將它們黏在每片扇子之間的位置，以填滿空隙。

迷你珠寶盒

這些別緻的經典蒂芙尼藍小盒子蛋糕，非常適合別具風格的訂婚場合。只要換個顏色，就成了生日禮物盒蛋糕。將它們高高放在甜點托盤上，便是雅致的派對話題焦點。

海綿蛋糕

基本海綿蛋糕麵糊（作法參見第11頁）1份，用1茶匙香草精或自選的任何調味配方調味

糖霜與裝飾

傳統奶油糖霜（作法參見第14頁）或義式奶油蛋白糖霜（作法參見第14頁）1份
食用色素膏
現成的白色翻糖1.25公斤
糖粉，用來鋪撒
食用膠水

包覆翻糖皮的迷你海綿蛋糕

烤箱預熱至攝氏160度（約華氏325度）。將一個20公分（8吋）方形蛋糕烤模抹油並鋪烘焙紙。把麵糊倒進烤模鋪開。烤45～50分鐘。

蛋糕放涼後，用大把的鋸齒刀或蛋糕夾層切割器把頂部切平，再將蛋糕橫切成兩塊。

在其中一塊蛋糕頂部均勻抹上一層糖霜，再疊上另一塊蛋糕。

用大把的鋸齒刀將夾心蛋糕切成16個小方形，每個方形為5公分（2吋）見方大小。

為這款蛋糕準備16個5公分的方形迷你蛋糕薄紙墊。用一把小刮鏟在每個紙墊上塗一點奶油糖霜，然後把方塊蛋糕按在每個紙板上。

替每個方形蛋糕抹一層薄薄的奶油糖霜，放進冰箱冷藏15分鐘。

將少許食用色素膏揉進1公斤的翻糖中。捏出一塊染好色的翻糖先用，其餘的則用保鮮膜緊緊包好。沒染色的白色翻糖也要用保鮮膜緊緊包好，置於一旁備用。

依照第150頁的步驟用翻糖裝飾蛋糕。須記得一次只擀一部分翻糖，並使用不沾黏擀麵棍，也別忘了擀翻糖前須在乾淨的桌面上撒些糖粉。

珠寶盒裝飾

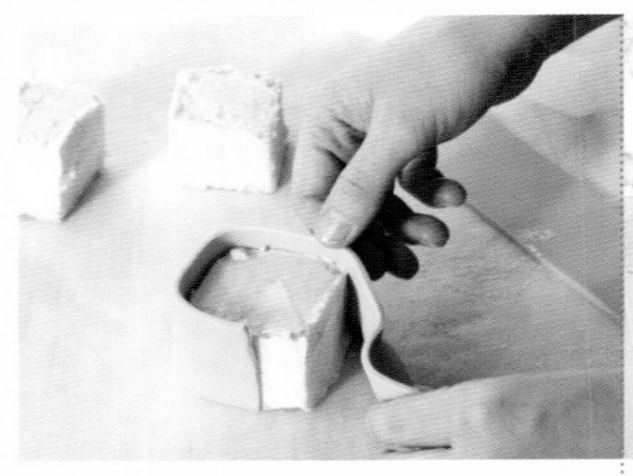

1 將染好色的翻糖擀成3公釐（⅛吋）薄，再切成一條25公分長、5公分寬（10×2吋）的長條。用這條翻糖圍住蛋糕，再用利刀把兩端相接處多餘的翻糖切掉，讓相接處密合。修掉突出於蛋糕頂部的翻糖，讓它和蛋糕頂部齊平。重複同樣方法將所有方形蛋糕用翻糖包好。

2 再多擀一些翻糖，切成16個8公分（3¼吋）見方的方形，做為盒蓋。在每個方形的四角切一個1公分（½吋）見方大小的方形缺口。

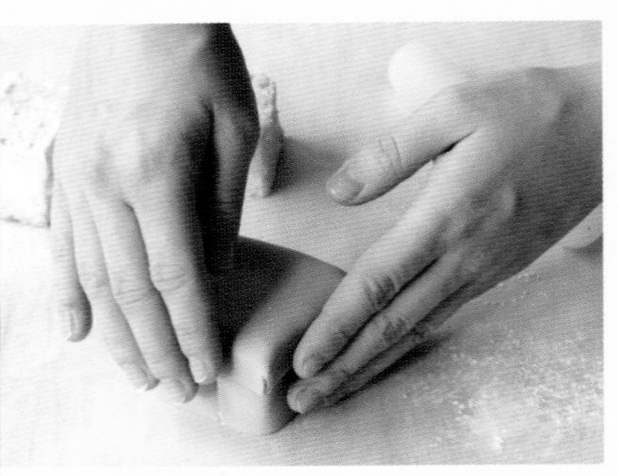

3 把盒蓋放在蛋糕頂部，用手將四邊往下撫平，並把四個角輕輕合在一起，做成平整俐落的盒子。重複同樣方式為剩餘的蛋糕加盒蓋。

4 製作緞帶時，先將白色翻糖擀成3公釐（⅛吋）薄，再切成32條20公分長、1公分寬（8×½吋）的緞帶。在緞帶背面刷少許食用膠水，兩條交叉相疊，黏在每個盒子蛋糕上。用利刀將蛋糕下緣多餘的翻糖切掉。

5 製作蝴蝶結時，再另外切32條10公分長、1公分寬（4×½吋）的緞帶，以及16條5公分長、1公分寬（2×½吋）的緞帶。

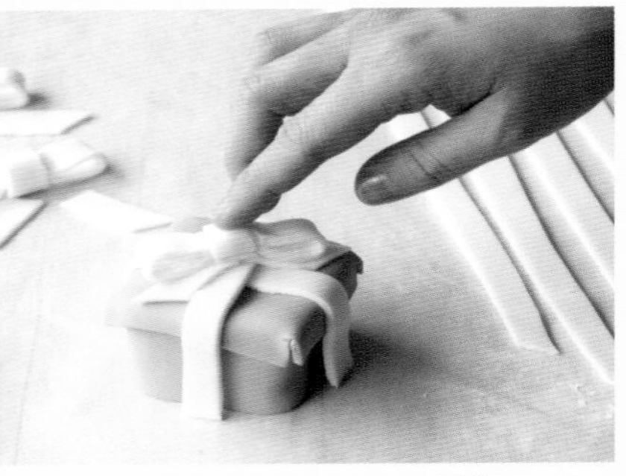

6 依照第83頁的指示，製作16個迷你蝴蝶結。用少量食用膠水將蝴蝶結黏在每個蛋糕頂部。

派對時光

我為這款很適合生日派對的蛋糕設計了非常色彩繽紛又有趣的裝飾。在真的很特別的場合上，例如成年禮或婚禮，擺出這麼一個漂亮多彩的多層大蛋糕，絕對能令眾人驚嘆。

備好的蛋糕

20公分（8吋）圓形多層夾心蛋糕1個，抹好防屑底層並包覆調成紫色的翻糖皮（作法參見第10～25頁）

15公分（6吋）圓形多層夾心蛋糕1個，抹好防屑底層並包覆調成綠色的翻糖皮（作法參見第10～25頁）

裝飾

蛋白糖霜（作法參見第16頁）½份，稠度要達到能拉出柔軟的尖角

現成的白色翻糖1公斤

食用色素膏，紫色、綠色、藍色、粉紅色

糖粉

伏特加或水

極致精美的生日蛋糕

首先，準備放置下層的蛋糕。它應放在一個相同尺寸的蛋糕底盤上。在蛋糕底盤中央抹少量蛋白糖霜，將20公分（8吋）蛋糕放上去。

取300克翻糖，加進食用色素膏調成紫色，以搭配20公分蛋糕的翻糖皮顏色。將剩餘的700克翻糖分成三等份，一份調成跟15公分蛋糕的翻糖皮相搭的綠色，另外兩份各調成藍色和粉紅色。

將1湯匙蛋白糖霜均勻抹在一個23公分（9吋）的蛋糕底板中央，把下層蛋糕連同蛋糕底盤放在紙板正中央。在工作的桌面上撒些糖粉，用大的不沾擀麵棍將紫色翻糖擀成3公釐（⅛吋）薄，並修整邊緣，做成約70公分（27½吋）長、約3公分（1¼吋）寬的長條。刷少許伏特加或水在未加裝飾的蛋糕底板，小心地拿起長條翻糖包覆整圈底板的邊緣。用利刀將兩端相接處以及板子邊緣多餘的翻糖切除掉。把切下來的紫色翻糖揉在一起，用保鮮膜包好備用。

在工作的桌面上撒些糖粉。把每種顏色的翻糖擀成3公釐（⅛吋）薄。每種顏色各切成4條，每條寬度為2.5公分（1吋），長度則需從蛋糕側邊下緣一直蓋到20公分蛋糕頂部的邊緣。

用乾淨的畫筆將少量伏特加或水刷在其中一條的背面，把它垂直黏在20公分蛋糕的側邊；用手從側邊下緣往上到蛋糕頂部邊緣、再朝頂部中央撫平。用利刀把蓋到頂部中間部分的多餘翻糖切除。重複同樣步驟，以不同顏色相間的方式，用一條條翻糖裝飾整圈蛋糕側邊。靜置2～3小時等翻糖定形，接著就可動手裝飾上層蛋糕。將1湯匙蛋白糖霜放進一個碗，用保鮮膜蓋好，置於一旁備用。用食用色素膏為其餘的蛋白糖霜染色。這張照片中的蛋糕所用

的是紫色，以搭配下層蛋糕。將糖霜裝進擠花袋，在袋角剪一個約3公釐（$\frac{1}{8}$吋）寬的小洞，或是用小號圓形擠花嘴。依照第154頁的指示在上層蛋糕的側邊擠垂掛裝飾。然後靜置1小時讓糖霜定形。

準備4根塑膠支撐棒，用來組合上下層蛋糕。依照第140～141頁的指示將支撐棒插進下層蛋糕。在下層蛋糕頂部的中間塗抹之前保留備用的蛋白糖霜，然後疊上較小的上層蛋糕；疊的時候，用一把中等大小的鏟刀撐住蛋糕，會較容易把它拿起並疊放上去。

將剩下的各種顏色翻糖分別搓成直徑約1公分（$\frac{1}{2}$吋）的小球。用伏特加或水將它們以不同顏色相間的方式，圍繞上層蛋糕的整圈下緣黏貼。

最後在蛋糕頂部上擺一束鮮花或插數字裝飾棒做為潤飾。

用蛋白糖霜擠花做垂掛裝飾

1 量出蛋糕的圓周，將它分成5個區塊，以確保每個垂掛裝飾的長度相等。用刀尖在蛋糕上刻小記號，標示垂掛裝飾相接的位置。（小記號稍後就會被裝飾掩蓋。）

2 手持擠花袋，擠花嘴靠近其中一個記號，輕輕的擠，讓一小團蛋白糖霜碰到蛋糕。

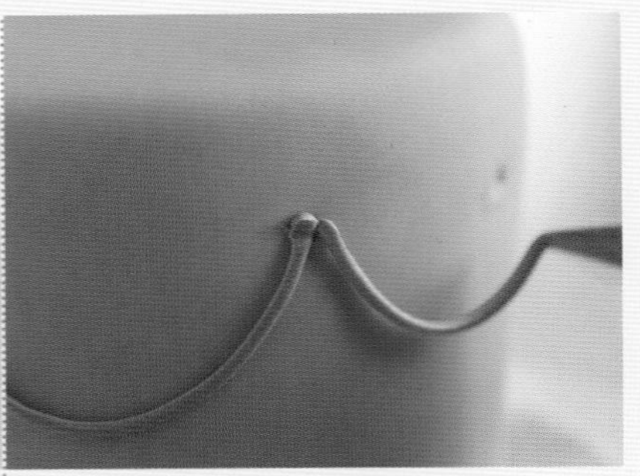

3 持續穩定施力，邊擠邊把擠花袋像掃過去般朝上提，讓一條糖霜連到下一個記號上，並任由地心引力去形成垂掛的形狀。千萬不要碰到蛋糕（除了每條垂掛裝飾的起點和末點之外）。就算線斷了也別擔心，只要刮掉，用伏特加清掉殘留的糖霜再重做即可。

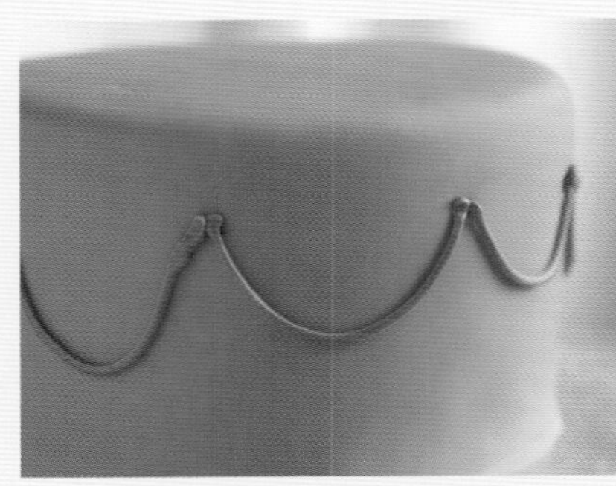

4 以同樣方式擠其餘的垂掛裝飾。不妨讓垂掛的線條有高有低，以增添變化。這種高低不同的方式是可行的，所以不一定非要設法讓它們垂掛的高度全都一致。

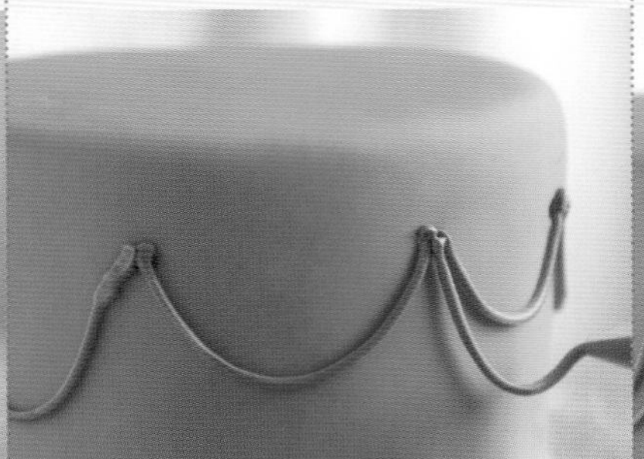

5 在第一行底下加擠第二行垂掛裝飾。

6 在每個相接點擠環狀小花飾，讓在相接點重疊的糖霜看起來較美觀。

圖樣範本

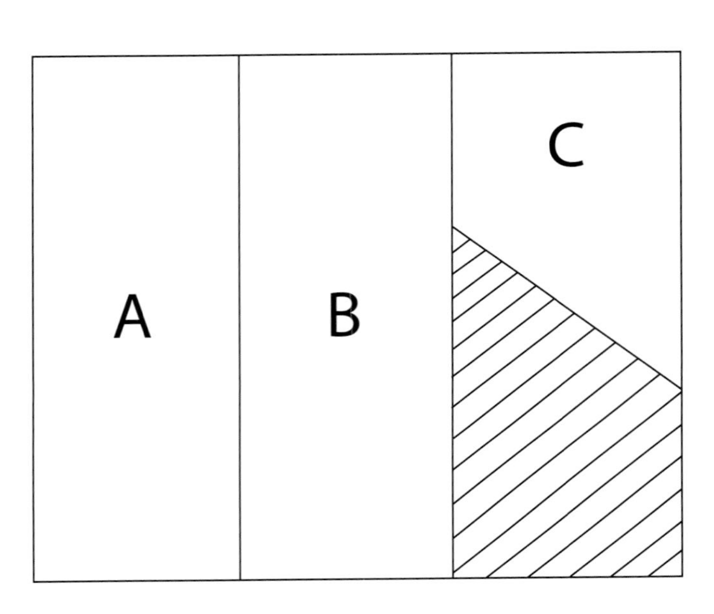

數到十數字蛋糕 依照這份切割示意圖（上圖）和擺放位置示意圖（右圖）製作第114～115頁的蛋糕。

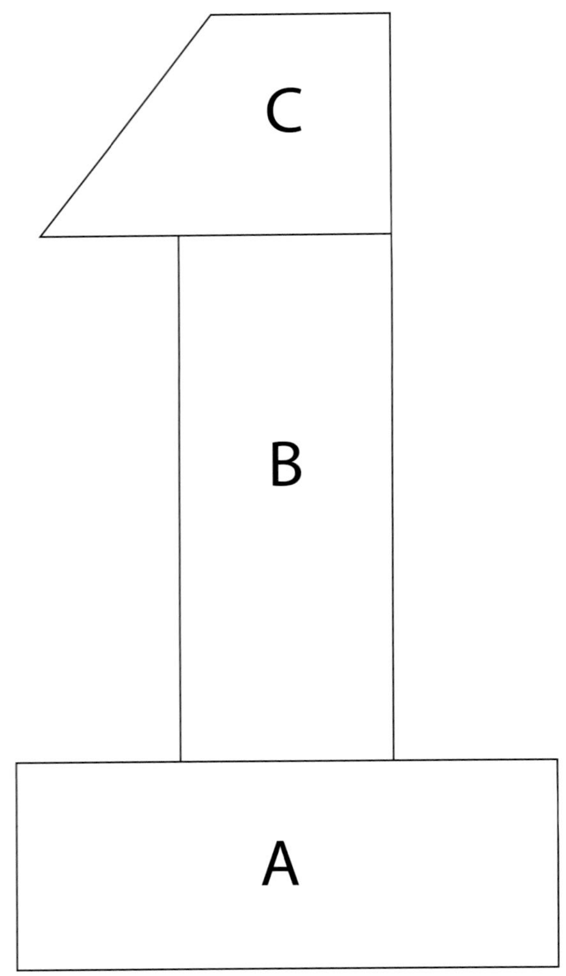

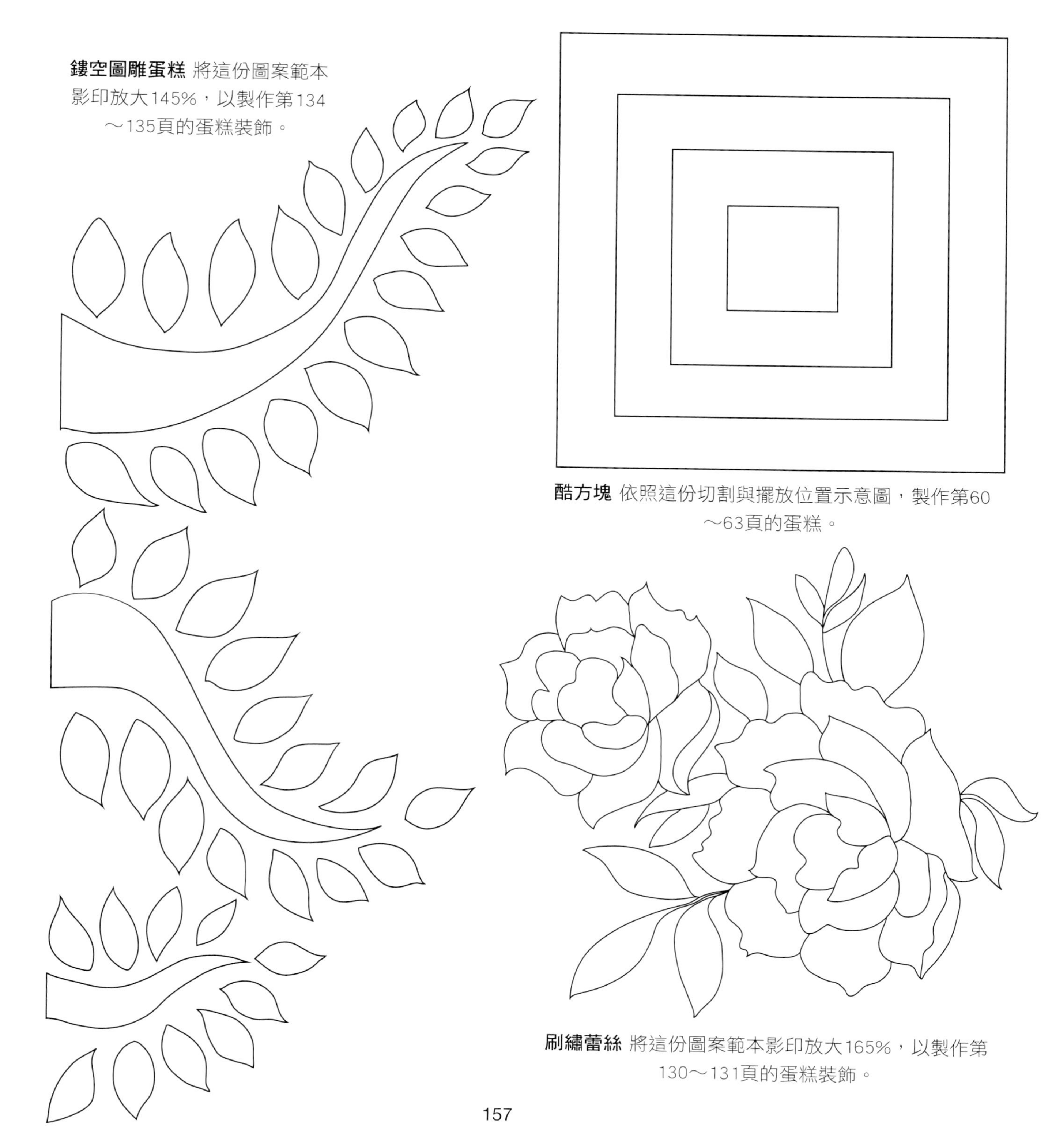

鏤空圖雕蛋糕 將這份圖案範本影印放大145%，以製作第134～135頁的蛋糕裝飾。

酷方塊 依照這份切割與擺放位置示意圖，製作第60～63頁的蛋糕。

刷繡蕾絲 將這份圖案範本影印放大165%，以製作第130～131頁的蛋糕裝飾。

索引

索引

致謝

本書所有精美的照片都是由兩位才華洋溢的攝影師拍攝；她們把在我腦海中醞釀數月的構想化為實體，並提振我所亟需的精力，讓我撐過好幾天漫長的攝影過程。她們是克萊兒・溫菲爾（Clare Winfield），我的搭檔，而如今我有幸成為她的好友；還有瑞雅・奧斯朋（Ria Osborne），每當遇到困難，她總是勇於開始天馬行空地想出一些小辦法激勵士氣。

莎莉瑪・希倫妮（Salima Hirani）令人驚嘆的是，她竟能讓編輯這本書的工作變成最愉快的樂事。身為傑出編輯兼專案經理的她，不僅一直讓人感到安穩和放心，也在每個階段給予我極大的信心與建設性的指引。若是少了莎莉瑪，讀者就無法拿到這麼棒的一本書。

我之所以能鼓起勇氣投入這段多層夾心蛋糕探險，得歸功於我家人不斷的鼓勵：每天與我媽通電話一起討論構想，而她對我毫無保留的信心，正是讓我堅持下去的動力；我的摯愛克里斯（Chris）對廚房的一團亂一直展現過人的容忍力，而且從無抱怨。他每天給予我的支持和愛，讓我有能力辦到我過去以為自己無法達成的事。我也很感激我的朋友們能體諒我常為這本書忙得不見人影。我想我得做很多蛋糕送他們，才足以表達我的謝意。

作者簡介

瑟莉・歐洛弗森（Ceri Olofson）是蛋糕設計名家，在倫敦開「歐洛弗森設計」婚禮蛋糕專賣店（Olofson Design），廣受好評。婚禮蛋糕特別重視設計，歐洛弗森不僅是婚禮蛋糕業這一行的佼佼者，她的作品更是《新娘》（Brides）和《婚禮蛋糕：設計靈感來源》（Wedding Cakes: A Design Source）等雜誌報導的主題。

歐洛弗森幼時住在法國，從小受到糕餅店的薰陶，年紀輕輕便開始製作糕點，才15歲，就已累積一大疊她自己發明和實驗的烘焙食譜，其中有不少食譜至今她仍在使用。

在倫敦藝術大學（University of Arts）研習美術，取得學位後，歐洛弗森對烘焙的熱情與創意眼光，終於有了交集。藉由從頭開始精研糖花工藝，她開發出裝飾蛋糕的實用方法，同時利用易於取得的工具和食材，享受設計創作的樂趣。